中国观赏植物图鉴丛书

观赏树木

赖尔聪 编著

中国建筑工业出版社

图书在版编目(CIP)数据

观赏树木／赖尔聪编著.—北京：中国建筑工业出版社，2005
(中国观赏植物图鉴丛书)
ISBN 7-112-07326-X

Ⅰ.观... Ⅱ.赖... Ⅲ.园林树木-图谱 Ⅳ.S68-64

中国版本图书馆CIP数据核字（2005）第030044号

中国观赏植物图鉴丛书
观 赏 树 木
赖尔聪 编著

*

中国建筑工业出版社出版、发行(北京西郊百万庄)
新 华 书 店 经 销
北京佳信达艺术印刷有限公司印刷

*

开本：889×1194毫米 1/32 印张：6¼ 字数：170千字
2005年7月第一版 2006年6月第二次印刷
印数：2001—3200册 定价：50.00元
ISBN 7-112-07326-X
(13280)
版权所有 翻印必究
如有印装质量问题，可寄本社退换
(邮政编码 100037)

本社网址：http://www.china-abp.com.cn
网上书店：http://www.china-building.com.cn

《观赏树木》一书收录了102种观赏树木,以原产中国或集中分布于中国的类群为主,也对每种的中文名、俗名、拉丁名、隶属科属、生活型、主要形态特征、主要生物学特性、生活环境、产地或分布地、园林特性、经济用途等诸多方面作了简单的描述。每种配有多幅精美的彩色照片。全书图文并茂,生动直观。

本书可作为广大园林工作者,特别是植物学教学和研究人员的良师益友。本书同时也是高等院校园林、园艺专业师生的必备参考读物。

* * *

责任编辑:吴宇江
责任设计:孙　梅
责任校对:刘　梅　李志瑛

《中国观赏植物图鉴丛书》编辑委员会

主　任：赖尔聪　管开云
副主任：孙卫邦
委　员：(按姓氏笔画排序)
　　　　王慷林　孙卫邦　赖尔聪　管开云
　　　　樊国盛

《观赏树木》

主　编：赖尔聪
副主编：孙卫邦　樊国盛
编　委：赖尔聪　孙卫邦　樊国盛　刘　敏
摄　影：赖尔聪　孙卫邦

前　　言

　　植物是园林景观建设中最具有生命力的元素，它赋予各类景观以生命与活力。中国观赏植物在中国乃至世界园林中有着举足轻重的地位，这是中国赢得"世界园林之母"赞誉的根基。

　　随着社会经济的发展，环境保护和建设日趋紧迫。为继承和弘扬中国植物造景的优良传统，进一步认识、保护、研究和开发利用中国观赏植物已迫在眉睫。为此，特编辑中国观赏植物图鉴系列丛书，共9册，分别是《木本观花植物》、《草本观花植物(一)》、《草本观花植物(二)》、《观叶观果植物》、《观赏树木》、《观赏藤本及地被植物》、《观赏竹类》、特殊观赏植物及《观赏棕榈》等。

　　每集图书原则上编辑100种（不含变种、品种等），以原产中国或集中分布于中国的类群为主，也收录部分中国早年引种，栽培历史悠久，在中国园林中应用较普遍的名花、名树。对每个类群的中文名、俗名、拉丁名、隶属科属、生活型、主要形态特征、主要生物学特性、生活环境、产地或分布地、园林特性、经济用途及繁殖方法等诸多方面作了简单的描述。每种配有多幅精美的彩色照片，全书图文并茂，生动直观。

　　为方便查阅及使用，丛书中的植物类群原则上按蕨类植物——裸子植物——被子植物的顺序编排。科的排列顺序，蕨类植物按秦仁昌系统（植物分类学报，1978年）；裸子植物按郑万钧系统(中国植物志，第7卷，1978)；被子植物按哈钦松系统（J. Hutchsion, The Family of Flowering Plants, 1934）。属名顺序和每个种的种名（种加词）按拉丁字母先后排列。各册书末附有植物中文名和拉丁学名索引。

可以说，这是一套集知识、趣味、欣赏和收藏于一体的工具型资料丛书，可读性、可识性强。

希望这套丛书会给您增加更多的知识，对您的工作有更多的帮助，这就是我们从事植物学教学和研究人员的共同心愿。

《中国观赏植物图鉴丛书》编辑委员会

2002年10月20日

目 录

前言

1. 桫椤 *Cyathea spinulosa* Wall.　*1*
2. 银杏 *Ginkgo biloba* L.　*3*
3. 巴山冷杉 *Abies fargesii* Franch.　*5*
4. 银杉 *Cathya argyrophylla* Chun et Kuang　*6*
5. 雪松 *Cedrus deodara*（Roxb.）Loud.　*8*
6. 云南油杉 *Keteleeria evelyniana* Mast.　*10*
7. 西藏红杉 *Larix griffithiana*（Lindl.et Gord.）Hort ex Carr.　*12*
8. 喜马拉雅红杉 *Larix himalaica* Cheng et L. k. Fu　*13*
9. 长叶云杉 *Picea smithiana*（Wall.）Boiss.　*14*
10. 白皮松 *Pinus bungeana* Zucc.　*15*
11. 乔松 *Pinus griffithii* Mcclelland　*18*
12. 西藏长叶松 *Pinus roxbourghii* Sarg.　*19*
13. 金钱松 *Pseudolarix kaempferi* Gord.　*20*
14. 黄杉 *Pseudotsuga sinensis* Dode　*23*
15. 云南铁杉 *Tsuga dumosa*（D.Don）Eichl.　*25*
16. 柳杉 *Cryptomeria fortunei* Hooibrenk ex Otto et Dietr.　*27*
17. 杉木 *Cunninghamia lanceolata*（Lamb.）Hook.　*29*
18. 水松 *Glyptostrobus pensilis*（Staunt.）Koch.　*31*

19. 水杉 *Metasequoia glyptostroboides* Hu et Cheng　　*33*

20. 秃杉 *Taiwania flousiana* Gaussen　　*35*

21. 翠柏 *Calocedrus macrolepis* Kurz　　*37*

22. 干香柏 *Cupressus duclouxiana* Hickel.　　*39*

23. 西藏柏木 *Cupressus torulosa* D.Don.　　*40*

24. 巨柏 *Cupressus gigantea* Cheng et L.K.Fu　　*42*

25. 侧柏 *Platycladus orientalis*（L.）Franco.　　*44*

26. 圆柏 *Sabina chinensis*（L.）Ant.　　*46*

27. 昆明柏 *Sabina gaussenii*（Cheng）Cheng et W.T.Wang　　*49*

28. 大果圆柏 *Sabina tibetica* kom.　　*50*

29. 罗汉松 *Podocarpus macrophyllus*（Thunb.）D. Don　　*51*

30. 竹柏 *Podocarpus nagii*（Thunb.）Zoll. et Mor.　　*53*

31. 红豆杉 *Taxus chinensis*（Pilger）Rehd.　　*54*

32. 鹅掌楸 *Liriodendron chinense*（Hemsl.）Sarg.　　*56*

33. 落叶木莲 *Manglietia deciduas* Q.Y.Zheng　　*58*

34. 红花木莲 *Manglietia insignis*（Wall.）BL.　　*60*

35. 厚朴 *Magnolia officinalis* Rehd. et Will.　　*62*

36. 云南拟单性木兰 *Parakmeria yunnanensis* Hu.　　*64*

37. 樟树 *Cinnamomum camphora*（L.）Presl.　　*66*

38. 云南樟 *Cinnamomum glanduliferum*（Wall.）Nees　　*68*

39. 天竺桂 *Cinnamomum japonicum* Sieb.　　*70*

40. 长梗润楠 *Machilus longipedicellata* Lect.　　*72*

41. 滇润楠 *Machilus yunnanensis* Lect.　　*74*

42. 檫木 *Sassafras tzumu*（Hemsl.）Hemsl.　　*76*

43. 山桐子 *Idesia polycarpa* Maxim.　　*78*

44. 柽柳 *Tamarix chinensis* Lour.　　*80*

45. 红柳 *Tamarix ramosissima* Ledeb.　　*82*

46. 银木荷 *Schima argentea* Pritz.　　*83*

47. 厚皮香 *Ternstroemia gymnanthera*（Wight et Arn.）Sprague.　　*85*

48. 少肋椴 *Tilia paucicostata* Maxim.　*87*
49. 山杜英 *Elaeocarpus sylvestris*（Lour.）Poir.　*89*
50. 梧桐 *Firmiana simplex*（L.）W.F.Wight　*91*
51. 油桐 *Aleurites fordii* Hemsl.　*93*
52. 重阳木 *Bischofia polycarpa*（Levl.）Airy-Shaw.　*95*
53. 乌桕 *Sapium sebiferum*（L.）Roxb.　*97*
54. 滇鼠刺 *Itea yunnanensis* Franch.　*99*
55. 球花石楠 *Photinia glomerata* Rehd. et Wils.　*101*
56. 耳叶相思 *Acacia auriculaeformis* A.Cunn　*103*
57. 黄檀 *Dalbergia hupeana* Hance　*104*
58. 毛刺槐 *Robinia hispida* L.　*106*
59. 槐树 *Sophora japonica* L.　*107*
60. 马蹄荷 *Exbucklandia populnea*（R.Br.）R.W.Brown　*109*
61. 枫香 *Liquidambar formosana* Hance　*111*
62. 杜仲 *Eucommia ulmoides* Oliv.　*113*
63. 藏川杨 *Populus szechuanica* Schneid. var. *tibetica* Schneid.　*115*
64. 毛白杨 *Populus tomentosa* Carr.　*116*
65. 金枝垂柳 *Salix alba* L. var. *tristis* Gand.　*118*
66. 龙爪柳 *Salix matsudana* f. *tortusa*（Vilm.）Rehd.　*119*
67. 杨梅 *Myrica rubra*（Lour.）Sieb. et Zucc.　*120*
68. 白桦 *Betula platyphylla* Suk.　*122*
69. 板栗 *Castanea mollissima* Bl.　*124*
70. 滇青冈 *Cyclobalanopsis glaucoides* Schott.　*125*
71. 槲栎 *Quercus aliena* Bl.　*127*
72. 栓皮栎 *Quercus variabilis* Bl.　*129*
73. 滇朴 *Celtis yunnanensis* Schneid　*131*
74. 垂枝榆 *Ulmus pumila* L. var. *pendula*（Kirchn.）Rehd.　*133*
75. 榔榆 *Ulmus parvifolia* Jacq.　*135*
76. 构树 *Broussonetia papyrifera*（L.）Vent.　*136*

77. 橡皮树 *Ficus elastica* Roxb.　　*138*

78. 大叶水榕 *Ficus glaberrima* Bl.　　*140*

79. 大青树 *Ficus hookeriana* Corner　　*142*

80. 菩提树 *Ficus religiosa* L.　　*143*

81. 丝棉木 *Euonymus bungeanus* Maxim.　　*144*

82. 枳椇 *Hovenia dulcis* Thunb.　　*146*

83. 多脉猫乳 *Rhamnella martinii*（Levl.）Schneid.　　*148*

84. 楝树 *Melia azedarach* L.　　*150*

85. 川楝 *Melia toosendan* Sieb. et Zucc.　　*152*

86. 复羽叶栾树 *Koelreuteria bipinnata* Franch.　　*153*

87. 川滇无患子 *Sapindus delavayi*（Fyanch.）Radlk.　　*155*

88. 滇藏槭 *Acer wardii* W.W. Smith　　*157*

89. 黄连木 *Pistacia chinensis* Bge.　　*159*

90. 马尾树 *Rhoiptelea chiliantha* Diels et Hand.-Mazz.　　*161*

91. 青钱柳 *Cyclocarya paliurus*（Batal.）Iljinskaja　　*163*

92. 核桃 *Juglans regia* L.　　*165*

93. 化香 *Platycarya strobilacea* Sieb. et Zucc.　　*167*

94. 枫杨 *Pterocarya stenoptera* C. DC.　　*169*

95. 八角枫 *Alangium chinense*（Lour.）Harms　　*171*

96. 喜树 *Camptotheca acuminata* Decne　　*173*

97. 幌伞枫 *Heteropanax fragrans*（Roxb.）Seem.　　*175*

98. 白蜡树 *Fraxinus chinensis* Roxb.　　*177*

99. 泡桐 *Paulownia fortunei*（Seem.）Hemsl.　　*179*

100. 滇楸 *Catalpa fargesii* f. duclouxii（Dode）Gilmour　　*181*

101. 梓树 *Catalpa ovata* D.Don.　　*182*

102. 火烧树 *Mayodendron igneum*（Kurz）Kurz　　*184*

拉丁名索引　　*185*

中文名索引　　*187*

后记　　*189*

1. 桫椤（树蕨）*Cyathea spinulosa* Wall.

种加词：*spinulosa* ——'多小刺的'，指叶轴上具刺。

桫椤科树形蕨类。主干高达 1~3m，叶顶生，叶轴粗壮，深棕色，有密刺，叶片大，纸质，长达 3m；三回羽裂，羽片矩圆，长 30~50cm，中部宽 13~20cm。

喜阴；喜肥沃、排水良好的壤土；不耐旱、不耐寒，亦不耐积水。产贵州、四川、云南、广东和台湾等地，生于海拔 100~800m 溪边、阴坡林下或草丛。

桫椤为较古老的植物之一，是国家一级重点保护树种，其树形、叶形优美，观赏性强，移植较困难，应很好保护。

图 1　桫椤野生植株

图 1-1 桫椤移植植株

图 1-2 桫椤枝叶

图 1-3 桫椤新枝

2. 银杏（白果树、公孙树）*Ginkgo biloba* L.

种加词：*biloba* —'二裂的'，指叶先端二裂。

银杏科银杏属落叶乔木。高达40m，胸径达4m，树冠宽卵形，有长短枝；叶折扇形，具长柄，叶脉二叉状，顶端常二裂，在长枝上螺旋状排列，在短枝上簇生；雌雄异株，雄球花4~6朵呈柔荑花序状；雌球花有长梗，梗端通常有株座2，各着生一直立胚珠；种子核果状，花期3~5月；种熟期8~10月。

喜光；对气候与土壤条件适应范围广；喜深厚、湿润、肥沃、排水良好的沙壤土，以中性或微酸性最适宜；抗干旱，但不耐水涝；深根性，萌蘖性强，具一定抗污染能力，对氯气、臭氧等有毒气体抗性较强；寿命长达千年以上，山东莒县浮来山古银杏高24.7m，胸围15.7m，树冠盖地面积达1亩多，为商代所植，距今3000多年，为我国最古老的银杏树。银杏为中国特产的世界著名树种，为孑遗植物，浙江天目山和云南昭通有野生状态植株，现广泛栽培于全国各地。

银杏树姿挺拔、雄伟，古朴有致；叶形奇特秀美，秋叶及外种皮金黄色，抗性强，寿命长，最适作庭荫树、行道树或孤赏树，亦是优良的桩景材料；银杏材质坚密细致，有光泽、富弹性，为高级用材；其种子可食用、药用；叶有重要的药

图2 银杏株

3

用价值；花为良好的蜜源。银杏全身是宝，为国家二级重点保护树种，亦是园林结合生产的优良树种之一。

主要栽培变种：

① 黄叶银杏 cv. *aurea* 叶鲜黄色；
② 塔状银杏 cv. *fastigiata* 大枝开张度较小，树冠呈尖塔形；
③ 大叶银杏 cv. *laciniata* 叶形大而缺刻深；
④ 垂枝银杏 cv. *pendula* 小枝下垂；
⑤ 斑叶银杏 cv. *variegata* 叶有黄斑。

图2-1 银杏秋景（郑可俊摄）

图2-2 银杏果枝

3. 巴山冷杉 *Abies fargesii* Franch.

种加词：*fargesii*——人名拉丁化。

松科冷杉属常绿乔木。高40m，胸径90cm，大枝轮生，平展或斜展，小枝有圆形叶痕；叶条形，长2~3cm，宽2~4mm，先端有显著的凹缺或二裂；球果卵状圆柱形，长5~8cm，径3~4cm，直立向上，成熟时紫黑色，种鳞与种子同时自中轴脱落。

喜湿润气候，耐寒，较耐阴，生长慢。我国特有树种，分布于四川大巴山一带，垂直分布于海拔2400~3500m山地，为四川省分布最低的冷杉种类。

巴山冷杉树姿雄伟，优美；球果紫黑色直立向上，观赏性强；材质坚实、耐用，为优良的材用兼观赏树。

图3 巴山冷杉株

图3-1 巴山冷杉球果

4. 银杉 *Cathya argyrophylla* Chun et Kuang [*C. nanchuanensis* Chun et Kuang]

种加词：*argyrophylla*——'银叶的'，指叶子背面颜色。

异名加词：*nanchuanensis*——'南川县的'（四川地名），指产地。

松科银杉属常绿乔木。高达20m，胸径40cm以上，大枝平展；叶条形、扁平，略镰状弯曲或直，端圆，螺旋状排列，辐射伸展，边缘略反卷，下面沿中脉两侧具极显著的粉白色气孔带；雌雄同株，雄球花穗状圆柱形，长5～6cm，生于老枝之顶叶腋；雌球花生于新枝下部叶腋；球果卵形、长卵形或长圆形，长3～5cm，下垂，种鳞蚌壳状，近圆形，不脱落。

图4 银杉株

喜光,阳性树,喜温暖湿润气候和排水良好的酸性土壤。中国特产的稀有树种,产于广西龙胜海拔1600~1800m的阳坡阔叶林中和山脊以及四川金川、金佛山海拔1600~1800m的山脊地带等地。

银杉树势如苍虬,壮丽可观,分布区狭窄,列为中国一级重点保护树种,应加强保护,加速培育,植于适地的风景区及园林中,以使这种独特的古老树种更好地点缀祖国大好河山,为旅游和园林事业增添光彩。

图4-1 银杉枝叶

图4-2 银杉叶背

图4-3 银杉球果

5. 雪松 *Cedrus deodara* (Roxb.) Loud. [*C. libani* Rich.var.*deodara* Hook.f.]

种加词：*deodara*——'神树'，指人们对此树的崇敬；*deodara*——'无气味的'，指木材无松脂气味。

松科雪松属常绿大乔木。高50～72m，胸径达3m。树冠圆锥形，大枝不规则轮生，平展，具长短枝；叶针形，常三棱状，坚硬，在长枝上螺旋状着生，在短枝上簇生；雌雄异株，少数同株，雌雄球花异枝；球果椭圆状卵形，长7～12cm，径5～9cm，直立向上，熟时红褐色。花期10～11月；球果翌年9～10月成熟。

喜光，阳性树；有一定耐阴能力，顶端应有充足的光照，否则生长不良；喜温凉气候，有一定耐寒能力，耐旱力较强；喜土层深厚而排水良好的土壤，能生长于微酸性、微碱性土壤上，亦能生于瘠薄地和黏土地，但忌积水、畏烟，二氧化硫气体会使嫩叶迅速枯萎；浅根性，侧根多数分布于土层40～60cm深度；生长迅速，南

图5 雪松列植

京50年生，高18m，胸径93cm；昆明20年生，高18m，胸径38cm。寿命长，600年生者高达72m，干径达2m。据记载，喜马拉雅山西部海拔1300～3300m地带有纯林群落，亦有混生针叶林。

　　雪松树体高大，树形优美，为世界著名的五大庭园观赏树之一。印度民间视为圣树，并作为名贵的药用树木。无论孤植、丛植、列植均能营造优美壮丽的景观。材质致密、坚实耐腐，且具芳香，为优良用材。大树移植成活率较高。

图5-1 雪松株

图5-2 雪松枝叶

图5-3 雪松幼果

图5-4 雪松球果

6. 云南油杉（杉松）*Keteleeria evelyniana* Mast.

种加词：*evelyniana*——人名拉丁化。

松科油杉属常绿乔木。高40m，胸径1m，幼树树冠尖塔形，老树宽圆形或平顶；叶条形，较窄长，长达6.5cm；雄球花簇生枝顶；雌球花单生枝顶；球果圆柱形，长达20cm，宿存，直立向上；种鳞斜方状卵形，长大于宽，上部较窄，边缘外曲，具细小缺齿；种翅较种子长。花期4~5月；果期10月。

喜光，喜温暖、干湿季分明的气候；适生于酸性红、黄壤；主根发达，耐干旱，天然更新能力和萌芽力强。在自然条件下生长较缓慢，人工林若合理经营，生长速度可较自然生长提高1倍以上。为中国特有树种，产云南、四川、贵州，生于海拔700~2600m地区。

云南油杉树姿优美，苍翠壮丽；球果宿存，直立向上，犹如盏盏烛台，观赏性很高；木材结构粗、耐水湿、抗腐性强，为优良材用树种；树皮稍厚，耐火烧，亦能作防火隔离带树种。云南油杉可作园林结合生产的树种推广应用。

图6 云南油杉果株

图6-1 云南油杉森林景观

图6-2 云南油杉球果

7. 西藏红杉 (西藏落叶松、西南落叶松、云南红杉) *Larix griffithiana* (Lindl.et Gord.) Hort ex Carr.

种加词：*griffithiana*——人名拉丁化。

松科落叶松属落叶乔木。高20m，具长短枝；叶条形，扁平，柔软，长2.5～5.5cm，在长枝上螺旋状着生，在短枝上簇生；雌雄球花均单生短枝之顶；球果圆柱形或椭圆状圆柱形，长7～11cm，径2～3cm，熟时淡褐色或褐色；种鳞倒卵状四方形，革质，先端平或微凹，边缘有细缺齿；苞鳞披针形，较种鳞长，先端具急尖头，显著外露并反折。花期4～5月；球果10月成熟。

最喜光，耐干旱瘠薄，耐高寒气候；在微酸性暗棕壤土上生长良好。产西藏，生于海拔2800～4000m的高山地带，天然更新良好；木材硬度适中、耐用，供建筑、桥梁、枕木等用；树皮可提取栲胶，是重要的森林更新及绿化树种。

图7 西藏红杉株

图7-1 西藏红杉果枝

8. 喜马拉雅红杉(喜马拉雅落叶松) *Larix himalaica* Cheng et L. k. Fu

种加词：*himalaica*——'喜马拉雅山的'，指产地。

松科落叶松属落叶乔木。高20m，具长短枝；叶条形，扁平，柔软，长1.2～3.5cm，在长枝上螺旋状着生，在短枝上簇生；雌雄球花均单生短枝之顶；球果圆柱形，长2.5～4cm，径1.5～3cm，种鳞方圆形或稍长，长大于宽，革质；苞鳞较种鳞长，直伸，先端急尖或微急尖。花期4～5月；果期10月。

最喜光；耐干旱瘠薄，耐高寒气候；产西藏南部，生于海拔2800～3600m地带河漫滩冰迹物的骨胳上或河谷两岸之林中。

喜马拉雅红杉是分布区荒山造林、森林更新及绿化观赏树种。

图8-1 喜马拉雅红杉果枝

图8 喜马拉雅红杉林观

9. 长叶云杉 *Picea smithiana* (Wall.) Boiss.

种加词：*smithiana*——人名拉丁化。

松科云杉属常绿乔木。高 20~60m，胸径 1m，小枝下垂；叶四棱状线形，长 3.5~5.5cm，横切面近四方形；叶脱落后在小枝上留下明显的叶枕；球果长 12~18cm，径 5cm，熟时褐色，有光泽；种鳞质地较厚，革质，坚硬，宽倒卵形。

喜温凉湿润气候，仅产于西藏南部吉隆，生于海拔 2300~3200m 地带。

长叶云杉树姿优美飘逸，特别是革质发亮的球果，观赏性强，加之材质优良，可作园林结合生产的树种推广应用。

图 9 长叶云杉株

图 9-1 长叶云杉果枝

10. 白皮松（虎皮松、白骨松、蛇皮松）*Pinus bungeana* Zucc.
种加词：*bungeana*——人名拉丁化。

松科松属常绿乔木。高达30m，胸径1m余，主干明显，树冠阔圆锥形或卵形，树皮淡灰绿色至粉白色；叶三针一束，粗硬，长5~10cm，叶鞘早落；雄球花序长约10cm，鲜黄色；球果卵圆形，长5~7cm，径约5cm，成熟时淡黄褐色，近无柄，鳞盾近菱形，横脊显著，鳞脐背生，具三角状短尖刺；种翅短，易脱落。花期4~5月；种熟期为翌年10~11月。

图10 白皮松老树

喜光，阳性树，稍耐阴；适生干冷气候，不耐湿热，能耐-30℃低温；对土壤要求不严，在中性、酸性及石灰性土壤上均能生长，甚至可生长在pH8的碱性土上，耐干旱，不耐积水和盐土；深根性，较抗风，生长慢，寿命长；对二氧化硫及烟尘抗性较强。中国特产，是东亚惟一的三针松，在陕西蓝田有成片纯林，现全国各地均有栽培。

白皮松树姿优美，树皮斑驳奇特，碧叶白干，宛如银龙，雄伟壮丽，为特产中国的珍贵树种，自古以来用于配植宫庭、寺院、名园及墓地之中；白皮松材质较脆，纹理美丽，可供制作家具及文具用，种子可食用和榨油，球果药用。

图10-1 白皮松幼树

图 10-2 白皮松幼树干

图 10-3 白皮松未熟球果

图 10-4 白皮松成熟球果

11. 乔松 *Pinus griffithii* Mcclelland

种加词：*griffithii*——人名拉丁化。

松科松属常绿乔木。高达70m，胸径1m以上，树冠宽塔形；叶五针一束，长10～20（26）cm，径约1mm，细柔下垂，叶鞘早落；球果圆柱形，长15～25cm，径3～5cm；种鳞短圆状倒卵形，边缘反曲，鳞盾菱形，微呈蚌壳状隆起，鳞脐顶生，无刺；种子具结合而生的长翅。球果翌年11月成熟。

喜光；喜温暖湿润气候；适生于山地棕壤或黄棕壤，耐干旱瘠薄，天然更新良好。产云南西北部独龙江河谷高黎贡山1600～2400m和西藏南部、东南部海拔1200～3300m之山地、河谷、沟边，常见纯林或混生。

乔松材质优良、生长快，为分布区内珍贵的造林树种，亦可在园林中推广应用。

图11 乔松林观

图11-1 乔松果株

12. 西藏长叶松 *Pinus roxbourghii* Sarg.

种加词：*roxbourghii*——人名拉丁化。

松科松属常绿乔木。高达40m，胸径1m以上，树冠阔长圆形；叶三针一束，细而下垂，故得名'长叶松'，叶长20～35cm，暗绿色，叶鞘宿存；球果长10～20cm，直径6～7cm；种鳞厚，鳞盾呈显著的锥状凸起，横脊明显，鳞脐呈三角状突起，具短刺；种翅基部无关节，翅与种子结合而生，种翅长约2.5cm。

喜光；喜温暖湿润气候，耐干旱瘠薄；喜深厚肥沃、排水良好的山地棕壤或黄棕壤。产西藏吉隆，在海拔2100～2300m以下之阳坡及河谷两岸的山坡组成纯林或与高山栎类树种混生。为喜马拉雅地区特有种。

西藏长叶松，树干雄伟，挺拔壮观，材质优良，现自然分布资源有限，应重点保护，扩大资源并引入园林应用。

图12 西藏长叶松株

图12-1 西藏长叶松果枝

13. 金钱松 *Pseudolarix kaempferi* Gord. [*p. amabilis* (Nels.) Rchd.]

种加词：*kaempferi*——人名拉丁化。

异名加词：*amabilis*——'可爱的'，指树形美观可爱。

松科金钱松属落叶乔木。高达40m，胸径1m，树冠阔圆锥形，大枝不规则轮生、平展，有长短枝；叶条形，柔软，在长枝上螺旋状着生，在短枝上簇生且展开呈金钱状；雄球花数个，簇生于短枝顶部，有柄；雌球花单生于短枝顶部，紫红色；球果卵形或倒卵形。花期4~5月；果期10~11月。

喜光；喜温凉湿润气候和深厚肥沃、排水良好的中性、酸性沙质壤土，不喜石灰质土壤；耐寒性强，能耐-20℃的低温；抗风力强，不耐干旱，也不耐积水；生长速度中等偏快，枝条萌芽力较强。

图13 金钱松秋景

金钱松属仅一种，中国特产，为珍贵的观赏树木，与南洋杉、雪松、日本金松和北美红杉合称世界五大庭园观赏树。金钱松体形高大，树干端直，入秋后，叶变为金黄色，极为美丽；孤植、丛植、列植均可，与常绿树种或其他色叶树种配植能形成美丽的自然景观。金钱松木材较耐水湿，可供建筑、船舶等用，树皮可入药，列为国家二级重点保护树种。

图 13-1 金钱松秋株

图13-2 金钱松枝叶（孙卫邦摄）

图13-3 金钱松雄球花

图13-4 金钱松球果（孙卫邦摄）

14. 黄杉（短片花旗松）*Pseudotsuga sinensis* Dode

种加词：*sinensis*——'中国的'，指产地。

松科黄杉属常绿乔木。高达50m，胸径1m；叶条形，扁平，排成二列；球果卵形或椭圆状卵形，长4.5~8cm，径3.5~4.5cm；种鳞木质近扇形或扇状斜方形，两侧有凹缺；苞鳞显著外露，反卷，先端三裂；种翅长于种子。花期4月；球果10~11月成熟。

喜温暖湿润气候，要求夏季多雨，能耐冬、春干旱；适应性强，对土壤要求不严，常在山脊薄层黄壤地形成小片纯林，在石灰岩山地亦能生长；生长快，天然更新好；中国特有树种，产湖北、湖南、四川、贵州和云南等省。

黄杉树姿优美，木材优良，为珍贵的材用兼绿化观赏树，国家三级保护树种。

图14 黄杉林观（孙卫邦摄）

图14-1 黄杉果株

图14-2 黄杉球果(孙卫邦摄)

15. 云南铁杉 *Tsuga dumosa* (D.Don) Eichl.

种加词：*dumosa*——'灌丛的'。

松科铁杉属常绿乔木。高50m，胸径2.7m，树冠尖塔形；小枝细，常下垂；叶条形，扁平，中部以上具细锯齿，下面白粉带显著；叶脱落后在小枝上留下明显的叶枕，叶排成二列；球果小，卵圆形或长卵圆形，长1.5~3cm，径1~2cm，下垂；种鳞革质，矩圆形，上部边缘外曲，苞鳞不露出。花期4~5月；球果10~11月成熟。

图15 云南铁杉林观

强阴性树种；喜气候温凉多雨，湿度大；喜酸性黄棕壤；抗风倒，抗病腐能力强。产西藏南部、云南西北部、四川西南部，资源丰富，材质优良，树形优美，树皮可提栲胶，树干可割取树脂。为珍贵的经济用材兼观赏绿化树种，应加强对现有资源的保护，不断恢复扩大后备资源。

图 15-1 云南铁杉枝叶（孙卫邦摄）

图 15-2 云南铁杉果枝

图 15-3 云南铁杉球果

16. 柳杉（孔雀杉）*Cryptomeria fortunei* Hooibrenk ex Otto et Dietr.

种加词：*fortunei*——人名拉丁化。

杉科柳杉属常绿乔木。高达40m，胸径达2m余，树冠塔圆锥形，大枝近轮生，小枝柔软下垂；叶钻形，长1~1.5cm，略向内弯曲；雄球花多数密集成穗状，着生于小枝顶部的叶腋；雌球花单生枝顶；种鳞与苞鳞合生，仅先端分离，木质，盾形，上部肥大，多4~5齿裂，呈短三角状。花期4月；种熟期10月。

中等喜光；喜温暖湿润、空气湿度大、云雾弥漫、夏季较凉爽的气候；不耐夏季酷热和干旱；在土层深厚、湿润而透水性较好、结构疏松的酸性土壤上生长良好，忌积水；浅根性；对二氧化硫、氯气、氟化氢均有一定抗性。产长江流域以南各省区。寿命很长，在江南庙宇及山野中常见数百年的古树，在江西庐山及浙江西天目山之古柳杉已成名景。云南武定狮子山、昆明西山、筇竹寺、黑龙潭均有500余年的古树。

图16 柳杉株

图16-1 柳杉成熟雄球花

柳杉树形圆整而高大,树干粗壮,极为雄伟,最适孤植、对植,亦宜列植或群植观赏;材质轻软,易加工;木材碎片可制芳香油;树皮入药或制栲胶;叶磨粉可作线香,可作园林绿化结合生产的树种推广应用。

图16-2 柳杉未熟雄球花

图16-3 柳杉未熟球果

图16-4 柳杉成熟球果

17. 杉木（沙木、刺杉）Cunninghamia lanceolata (Lamb.) Hook. [*C. sinensis* R.Br.]

种加词：lanceolata —— '披针形'，指叶形。
异名加词：sinensis —— '中国的'，指产地。

杉科杉木属常绿乔木。高达30m，胸径2.5~3m，树干通直，大枝平展，幼树树冠尖塔形，大树宽圆锥形；叶披针形或条状披针形，常略弯而呈镰状、革质、坚硬、深绿而有光泽，长6cm，宽3~5mm，在小枝上扭转成二列状，叶基下延，叶缘具细锯齿；雄球花簇生枝顶；雌球花单生或2~3个集生枝顶；球果卵球形，长2.5~5cm，成熟时黄棕色，苞鳞与种鳞合生，苞鳞大，扁平，革质，先端尖，边缘有不规则细锯齿，种鳞极小，每种鳞着生种子3粒。花期3~4月；种熟期10~11月。

图17 杉木果株

较喜光，阳性树；喜温暖湿润气候，怕风、怕旱，不耐寒，最适生于温暖多雨、静风多雾的环境；喜深厚、肥沃、排水良好的酸性土壤，浅根性，速生，萌蘖力强；对有毒气体有一定抗性。杉木属仅一种，产长江流域秦岭以南16个省区。

杉木树干端直，树冠参差，适于大面积群植，可作风景林，亦可列植、丛植营造山野趣景；杉木为我国南方重要的速生商品材树种，是园林结合生产推广应用的优良树种之一。

图17-1 杉木雄球花、球果

18. 水松 *Glyptostrobus pensilis* (Staunt.) Koch.

种加词：*pensilis*——'悬挂的'。

松科水松属落叶或半落叶乔木。高8~10m，树冠圆锥形，生于低湿环境中，树干基部膨大成柱槽状，并有瘤状体（呼吸根）伸出土面；叶异型，条形叶及条状钻形叶较长，柔软，在小枝上各排成2~3列，冬季与小枝同落；鳞形叶较小，紧贴生于小枝上，冬季宿存；球花单生于具鳞叶的小枝顶端；球果倒卵状球形，直立，果长2~2.5cm；种鳞木质，背部上缘具三角形尖齿6~10，近中部有一反曲尖头；发育种鳞具种子2粒。花期1~2月；种熟期10~11月。

极喜光；喜温暖湿润气候，不耐低温；最适富含水分的冲积土，极耐水湿，不耐盐碱土；浅根性，但根系强大，萌芽、萌蘖力强，寿命长。水松属仅一种，产我国和日本，为第四纪冰川期后的孑遗植物。现长江流域各城市有栽培。

图 18 水松株（孙卫邦摄）

图 18-1 水松秋景

水松树形美观，入秋后叶变褐色，颇为美丽；最适河边、湖畔及低湿处栽植，湖中小岛群植数株尤为雅致，也可作防风护堤树；木材轻松，浮力大，是裸子植物中材质最轻的一种，可做救生圈，且耐水湿，可供造船等用；叶可入药，为国家二级重点保护树种，应加强保护和开发应用。

图18-2 水松枝叶

图18-3 水松球果

19. 水杉 *Metasequoia glyptostroboides* Hu et Cheng

种加词：*glyptostroboides*——'像水松的'，指形态像水松。

杉科水杉属落叶乔木。高达35m，胸径2.5m，干基部膨大，幼树树冠尖塔形，老时宽圆头形；大枝近轮生，小枝近对生；叶条形，扁平，交互对生，叶基扭转排成二列，呈羽状，冬季与无芽小枝一同脱落。雌雄同株，雄球花排呈总状或圆锥花序状，单生枝顶；雌球花单生于去年生枝顶或近枝顶；球果近球形，长1.8～2.5cm，下垂，熟时深褐色；种鳞木质，扁状盾形，顶部有凹下成槽的横脊；每种鳞具种子5～9粒。花期2月；果当年11月成熟。

喜光，阳性树；喜温暖湿润气候，具一定抗寒性；喜深厚肥沃的酸性土，在微碱性土壤上亦可生长良好；生长快，在一般栽培条件下，可在15～20年左右成材；对有害气体抗性较弱。水杉属仅一种，中国特产，天然分布于四川石柱县与湖北利川市交界的磨刀溪水杉坝一带及湖南龙山、桑植等地海拔750～1500m，气候温和湿润，沿河酸性土的沟谷中。被誉为活化石植物，列入中国一级重点保护树种，40年来已在国内南北各地及国外50多个国家引种栽培，目前已成为长江中下游各地平原河网地带的"四旁"绿化树种之一。

图19 水杉林观

图19-1 水杉秋景

水杉树姿优美挺拔，叶翠绿秀丽，入秋转棕褐色，甚为美观，最宜列植堤岸、溪边、池畔或群植于公园绿地低洼处或与池杉混植，是城市郊区、风景区绿化的重要树种，亦可作防护林树种；木材是良好的造纸用材，可作为园林结合生产的优良树种推广应用。

水杉是湖北省的省树。

图19-2 水杉冬景

图19-3 水杉枝叶

20. 秃杉 *Taiwania flousiana* Gaussen

种加词：*flousiana*——人名拉丁化。

杉科台湾杉属常绿乔木。高达75m，胸径2m以上，树冠圆锥形，大枝平展，小枝细长下垂，大树之叶鳞状锥形，密生，微内弯，幼树或萌芽之叶镰状锥形，较长，两侧扁平；雄球花数个簇生枝顶，雌球花单生枝顶，直立，无苞鳞；球果小，椭圆形呈矩圆状柱形，宿存，长1.5~2.5cm，径约1cm，种鳞21~35片，革质，长6~8mm；每种鳞具种子2粒，种子矩圆状卵形，扁平，两侧具窄翅。球果10~11月成熟。

喜光，适生于温凉、夏秋多雨、冬春较干的气候，不耐热湿，宜酸性红壤、黄壤或棕色森林土；深根性，不耐干旱，生长快，寿命长。产云南、湖北、贵州等省。

图20 秃杉株（孙卫邦摄）

图20-1 秃杉幼株

秃杉树形优美,生长快,材质优良,资源少,濒危,列入国家一级重点保护树种,应认真保护并将其作为园林结合生产的优良树种推广应用。

图20-2 秃杉枝叶

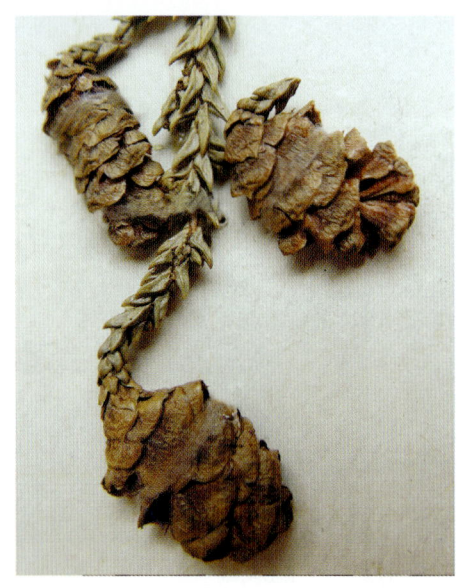

图20-3 秃杉球果

21. 翠柏（大鳞肖楠）*Calocedrus macrolepis* Kurz

种加词：*macrolepis*——'大鳞片的'，指鳞叶较大。

柏科翠柏属常绿乔木。高达35m，胸径1.2m；鳞叶明显成节，中间的鳞叶扁平，两侧的鳞叶对折，鳞叶节上下近等宽，两面异色，上面绿色，下面有白粉及气孔点；雌雄同株；球果长椭圆形，长1~2cm；种鳞木质，扁平；种子具长、短翅，大翅长卵形，小翅条状矩圆形；球果10月成熟。

喜光，喜温暖气候，幼树耐阴；喜湿润土壤；是云南特有的乡土树种，主产云南中部、贵州西部、广西、海南五指山等有分布。

翠柏树姿优美，木材致密、耐腐，有香气，为优良的材用、绿化观赏树，也是国家三级保护树种。

翠柏为云南省安宁市市树。

图21 翠柏古树

图21-1 翠柏幼树

图21-2 翠柏枝叶

图21-3 翠柏果枝

22. 干香柏（冲天柏、滇柏）*Cupressus duclouxiana* Hickel.

种加词：*duclouxiana*——人名拉丁化。

柏科柏木属常绿乔木。高达30m，胸径1m；叶鳞形，交互着生，小枝四棱形，较细，鳞叶背部有明显的纵脊；雌雄同株，球花单生枝顶；球果圆球形，径1.6～3cm，种鳞4～5对，木质，盾形，成熟时开裂，紫褐色，被白粉，发育种鳞具多数种子。

喜光，适生于我国西南季风地区，喜冬季干旱而无严寒，夏季多雨而无酷热的气候条件；喜钙，侧根发达，天然更新力弱，萌芽更新力强。中国特有，产云南中部及西北部。

干香柏适应范围广，为优良的造林用材兼园林绿化树种，特别适于石灰岩地区造林绿化。

图22 干香柏株

图22-1 干香柏未熟球果

图22-2 干香柏成熟球果

23. 西藏柏木 *Cupressus torulosa* D.Don.

种加词：*torulosa* ——'具念珠状小结节的'。

柏科柏木属常绿乔木。高约20m；叶鳞形，交互着生，小枝圆柱形，细长，下垂，鳞叶背部平，中部有短腺槽；雌雄同株，球花单生枝顶；球果近球形，径1.2～1.6cm，种鳞5～6对，木质，盾形，成熟时开裂，紫褐色，发育种鳞具多数种子。花期2～3月；种熟期翌年10～11月。

图23 西藏柏木株

喜光；喜温暖湿润气候；喜钙，自然更新力强。中国特有，产西藏东南、滇西北，昆明及滇中地区引种栽培，表现良好。

西藏柏木适应范围广，为优良的材用造林兼园林绿化树种，特别适于石灰岩地区造林绿化。

图 23-1 西藏柏木未熟球果

图 23-2 西藏柏木成熟球果

24. 巨柏 *Cupressus gigantea* Cheng et L.K.Fu

种加词：*gigantea* —— '巨大的'，指树形巨大。

柏科柏木属常绿大乔木。高 30~45m，胸径 1~3m，稀达 6m；叶鳞形，交互着生，小枝粗壮，排列紧密，常被白粉，四棱形，稀圆柱形，鳞叶斜方形，背部有钝脊或拱圆，具条槽；球果卵圆状球形，长 1.6~2cm，径 1.3~1.6cm；种鳞 6 对，背部中央有明显凸起的尖头，种子多数。

喜光；适生于干旱多风的高原河谷环境，宜中性、偏碱的沙质土。巨柏为西藏特有树种，分布于雅鲁藏布江朗县至米林附近的沿江地段，在海拔 3000~3400m 江边之阳坡、谷地开阔的半阳坡及有石灰石露头的阶地阳坡之中下部，组成疏林。

图 24 巨柏古树（李果摄）

巨柏是我国生存柏科树种中树龄最长、胸径最大的巨树,分布区不乏胸径在5.8m以上,树龄达2000年以上的大树景观。

图 24-1 巨柏树干

图 24-2 巨柏幼树

图 24-3 巨柏球果

25. 侧柏(扁柏、香柏) *Platycladus orientalis* (L.) Franco. [*Biota orientalis* Endl.,Thuja orientalis L.]

种加词：*orientalis*——'太阳升起的地方'、'东方的'，指产地。

柏科侧柏属常绿乔木。高达20多米，胸径1m，幼树树冠卵状尖塔形，老树宽圆形；叶鳞形，小枝扁平，排成一个平面，两面同形、同色，侧面着生；雌雄同株，球花单生枝顶；球果卵圆形，长1.5~2cm，种鳞木质，厚，背部顶端下方有一个三角状小弯钩头。花期3~4月；种熟期9~10月。

喜光，幼树稍耐庇阴；能适应干冷及暖湿气候；喜深厚、肥沃、湿润、排水良好的钙质土壤，但在酸性、中性或微盐碱性土上均能生长，不耐积水，浅根性，但侧根发达，萌芽性强，耐修剪，寿命长；抗烟尘、抗二氧化

图25 侧柏古树（汉柏）

图25-1 侧柏古树（丛植）

硫、氯化氢等有害气体。中国特有，产南北各地，全国广为栽培。

侧柏是中国园林中应用最普遍的观赏树木之一，是北京市的市树。北京许多公园保留着苍劲的古柏树；山东泰山岱庙的汉柏相传为汉武帝所植；四川西昌庐山的汉柏、唐柏古树均为侧柏。侧柏材质致密、耐腐，为优良用材；叶磨粉做线香，枝、叶、根、皮均可入药，种子榨油可食，亦可入药。

常见栽培变种有：

①千头柏 cv. *sieboldii*

丛生灌木，无明显主干，高 3～5m，枝密生直展，树冠卵状球形，叶鲜绿色；

②洒金千头柏（金枝千头柏）cv. *aurea*

嫩叶黄色，外形与千头柏相似；

③金黄球柏（金叶千头柏）cv. *semperaurescens*

矮型紧密灌木，树冠近球形，高达 3m，叶全年金黄色；

④金塔柏（金枝侧柏）cv. *beverleyensis*

小乔木，树冠窄塔形，叶金黄色。

图 25-2 侧柏幼树

图 25-3 侧柏果枝

26. 圆柏（桧柏、刺柏）*Sabina chinensis* (L.) Ant. [*Juniperus chinensis* L.]

种加词：*chinensis*——'中国的'，指产地。

柏科圆柏属常绿乔木。高达20m，胸径达3.5m，树冠尖塔形或圆锥形，老树呈宽卵形，球形或钟形；叶二型，幼树多为刺形叶，老树多为鳞形叶，壮龄树则二者叶型兼有，鳞形叶交互对生，刺形叶三枚轮生，叶基下延无关节；雌雄异株，稀同株；球花单生短枝顶，球果肉质，浆果状，近球形，不开裂，径6～8mm，熟时暗褐色，外被白粉；种子1～4。花期4月；种熟翌年10～11月。

喜光，但耐阴性很强；喜温凉稍干燥气候，耐寒冷；在酸性、中性及钙质土上均能生长，但以深厚、肥沃、湿润、排水良好的中性土壤生长最佳；耐干旱瘠薄，深根性，耐修剪，易整形，寿命长；对二氧化硫、氯气和氯化氢等多种有毒气体抗性强，抗尘和降低噪声效果良好。原产中国东北南部及华北等地，各地多分布。

圆柏树形优美，老树奇姿古态，可独成一景，是我国自古喜用的园林树种之一。龙柏独具特色，侧枝扭转向上，宛若游龙盘旋，

图26　圆柏株

图26-1　龙柏株

常对植、列植建筑、庭前两旁或植于花坛中心。球柏宜作规则式配植，亦可作盆景、桩景或人工绑扎用做装饰树；优良用材，其树干、枝叶提取柏木油入药。

常见变种、栽培变种：

①龙柏 cv. *kaizuka*

树冠窄圆柱状塔形，侧枝短而环抱主干，端稍扭转上升，如龙舞空，小枝密，以鳞叶为主，翠绿色；球果蓝绿色，略有白粉；

②金叶桧 cv. *aurea*

圆锥状直立灌木，有刺叶和鳞叶，鳞叶初为金黄色，后变绿色；

③塔柏 cv. *pyramidalis*

树冠圆柱形；枝直伸密集，叶几乎全为刺形；

④鹿角桧 cv. *pfitzeriana*

丛生灌木，干枝自地面而向四周斜展，上伸，全为鳞叶；

⑤球柏 cv. *globosa*

矮小灌木，树冠球形，枝密生，多为鳞叶，间有刺叶；

⑥偃柏 var. *sargentii* (Henry) Cheng et L.K.Fu

图26-2 龙柏列植景观（孙卫邦摄）

图26-3 龙柏果枝

图26-4 龙柏成熟浆果

27. 昆明柏（滇刺柏、黄尖刺柏）*Sabina gaussenii* (Cheng) Cheng et W.T.Wang

种加词：*gaussenii*——人名拉丁化。

柏科圆柏属常绿乔木或灌木。刺形叶，三叶轮生，叶基下延，无关节，小枝下部之叶较上部之叶短，新叶或叶的尖端金黄色，而得名黄尖刺柏；球果肉质，浆果状，不开裂，具种子 1~3 粒。

喜光；喜温暖湿润气候；适应性强，耐修剪，易整形，生长快。我国特有，列为国家三级重点保护树种。产云南中部、西部，昆明多栽培，作庭院观赏。

图 27-1 昆明柏幼树

图 27 昆明柏丛植

图 27-2 昆明柏枝叶

28. 大果圆柏（西藏圆柏、西康圆柏）*Sabina tibetica* kom.

种加词：*tibetica*——'西藏的'，指产地。

柏科圆柏属常绿乔木。高达25m，胸径1m；叶多为鳞叶、兼刺叶，生鳞叶的小枝四棱形，上部分枝短，下部分枝长，常较直，鳞叶背部的腺点位于中部；球果较大，肉质，浆果状，不开裂，长9～16mm，仅具一粒种子。

我国特有树种，为圆柏属中最耐干冷的种类，四川甘孜北部为最适生长中心，垂直分布一般在3000～4200m广大高山地区；西藏南部及东部均有分布，生于海拔3500～4400m高山地带，拉萨有栽培。

大果圆柏树冠庞大，荫浓繁茂，材质优良，可作园林结合生产的优良树种推广应用。

图28 大果圆柏古树

图28-1 大果圆柏果枝

29. 罗汉松 *Podocarpus macrophyllus* (Thunb.) D. Don

种加词：*macrophyllus*——'大叶的'，指叶片稍大。

罗汉松科罗汉松属常绿乔木。高达20m，胸径达60cm，树冠宽卵形；叶条状披针形，长7~12cm，宽7~10mm，螺旋状着生，表面暗绿色，有光泽。叶背淡绿，或粉绿；雌雄异株，雄球花3~5簇生于叶腋，圆柱形，长3~5cm；雌球花单生叶腋，种子卵圆形，被肉质假种皮全包，着生于膨大的种托上，假种皮未成熟时绿色，熟时紫黑色，被白粉。肉质种托，圆柱形，深红色，有梗，略有甜味，可食。花期4~5月；种子8~11月成熟。

喜光，耐半阴，为半阴性树；喜温暖湿润气候，耐寒性差；喜肥沃、湿润、排水良好的沙壤土；萌芽力强，耐修剪，抗病虫害及多种有毒气体；寿命长。产长江流域以南，西至四川、云南。

图29 罗汉松造型一

图29-1 罗汉松造型二

罗汉松树姿秀丽，葱郁绿色的种子下有比其大1倍的种托，好似许多披着红色袈裟正在打坐的罗汉，因此得名。罗汉松种熟时，满树紫红点点，颇富奇趣，无论孤植、对植、列植、散植均能营造优美景观。罗汉松耐修剪、耐海岸环境，特别适宜于海岸种植作美化及防风高篱，亦可作桩景材料；材质致密，富含油质，能耐水湿不受虫害，供建筑及海河土木工程用。罗汉松可作园林结合生产的优良树种应用。

图29-2 罗汉松雄花序

图29-3 罗汉松种子及假种皮

30. 竹柏 *Podocarpus nagii* (Thunb.) Zoll. et Mor. [*Nageia nagii* (Thunb.) O. Kuntge.]

种加词：*nagii*——日本土名。

罗汉松科罗汉松属常绿乔木。高达20m，树冠宽锥形；叶椭圆状披针形，厚革质，长3.5~9cm，无中脉，具多数平行细脉，对生或近于对生；雌雄异株，雄球花穗状圆柱形，单生叶腋，常呈分枝状；雌球花单生叶腋；种子球形，熟时假种皮暗紫色，被白粉，种托干瘦，木质。花期3~4月；种熟期9~10月。

耐阴树种，常在阳光强烈的阳坡根颈发生日灼枯死现象；喜温暖湿润气候，适生于深厚肥沃疏松的沙质壤土，在贫瘠干旱的土壤生长极差，不耐修剪。原产浙江、福建、江西、湖南、广东、广西、四川等地，长江流域多栽培。

竹柏叶形如竹，挺秀隽美，适于建筑物两侧、门庭入口、园路两边配植做园景树；亦为著名的木本油料树种，叶、树皮作药用。

图30 竹柏株

图30-1 竹柏枝叶

31. 红豆杉 *Taxus chinensis* (Pilger) Rehd.

种加词：*chinensis*——'中国的'，指产地。

红豆杉科红豆杉属常绿乔木。高30m，胸径1m；叶条形，长1~3.2cm，宽2~4mm，排成2列，微弯或直，叶缘微反曲，端渐尖，下面中脉上密生均匀而微小的圆形角状乳头状突起；雌雄异株，球花单生叶腋，雄球花球形，有梗；雌球花近无梗；种子坚果状，生于杯状肉质假种皮中，假种皮红色。

阴性树；喜温暖湿润气候，耐寒性强；生长缓慢，侧根发达；喜富含有机质的湿润土壤，寿命长。产秦岭以南，东至安徽，西达四川、贵州、云南，南迄华中；生于海拔1000~1200m山地。

图31 红豆杉古树

图31-1 红豆杉幼树

红豆杉树形优美，枝叶茂密，四季常青，种子熟时满树红点，具较高观赏性。孤植、丛植、列植、群植均宜。还可修剪成各种物象；木材坚实耐用，用作高档家具、钢琴外壳、细木工等，民间视为珍品；红豆杉能提制紫杉醇，具独特药效。为国家一级重点保护树种。可作为园林结合生产的优良树种推广应用，并注意保护资源。

图31-2 红豆杉枝叶

图31-3 红豆杉雄球花

图31-4 红豆杉未熟种子

图31-5 红豆杉成熟种子及假种皮

32. 鹅掌楸（马褂木）*Liriodendron chinense* (Hemsl.) Sarg. [*L. tulipifera* var. *chinense* Hemsl.]

种加词：*chinense* —'中国的'，指产地。

木兰科鹅掌楸属落叶大乔木。高达40m，树冠圆锥形；单叶互生，似马褂形而得名。叶长4～18cm，两侧各具一较深裂片；两性花，杯状，顶生，淡黄绿色，雄蕊多数；聚合果翅长7～9cm。花期5～6月；果熟期10月。

喜光；喜温暖湿润气候；喜深厚肥沃、排水良好的酸性或微酸性土壤，在干旱贫瘠土壤上生长不良；不耐水涝；耐二氧化硫，抗性中等；速生。产浙江、江苏、安徽、江西、湖南、湖北、四川、贵州、广西、云南等省区。

图32 鹅掌楸株

图32-1 鹅掌楸秋景

图32-2 鹅掌楸枝叶

鹅掌楸树姿端正，叶形奇特，花如金盏，古雅别致，是优良的庭荫树和行道树，入秋后叶呈黄色，与常绿树混植能增添季相变化，孤植、列植、丛植、片植均宜；对有毒气体有一定抗性，宜在厂矿绿化中多采用；树皮、叶可入药。鹅掌楸为国家二级重点保护树种。

图32-3 鹅掌楸秋叶

图32-4 鹅掌楸花（孙卫邦摄）

33. 落叶木莲（华木莲）*Manglietia deciduas* Q.Y.Zheng

种加词：*deciduas*——'脱落的'，指落叶。

木兰科木莲属落叶乔木。高15m，最高达30m，胸径60cm，树干通直，树冠宽卵形；小枝具有环状托叶痕；单叶，近纸质，多集生于近枝端，椭圆形或倒卵状长椭圆形，长14~20cm，全缘，上面深绿色，下面苍绿色；两性花，单生枝顶，芳香，花被片15~16，稀19，淡黄色，螺旋状排列成5轮，外轮3片，长椭圆形，长约7cm，宽约2cm，内轮3~4片，披针状线性，长约6cm，宽3~8mm；雄蕊54~60，花丝极短；雌蕊群无柄；聚合蓇葖果木质，卵形或近球形，径4~5.5cm，长4.7~7cm，具苍白色圆形或长倒卵形皮孔，每蓇葖果具种子2~6（7）粒，种子具红色种皮。花期5月；果熟期9~10月。

图33 落叶木莲株

喜光；喜凉爽湿润气候；喜深厚肥沃、酸性土壤，不耐干燥瘠薄，不耐积水。产江西武功山地玉全山周围，海拔580~1100m常绿、落叶阔叶林中。

落叶木莲是我国特有的古老珍稀濒危植物，它的发现对研究木兰科的系统演化有重要意义；对研究我国南方古热带植物区系亦有重要的科学价值。落叶木莲花黄色，芳香、美丽，具有较高的观赏价值和较大的开发利用前景。

图33-1 落叶木莲花枝

图33-2 落叶木莲果枝

34. 红花木莲（木莲花）*Manglietia insignis* (Wall.) BL. [*Magnolia insignis* Wall.]

种加词：*insignis*——'显著的'，'有区别的'，指花与木兰有区别。

木兰科木莲属常绿乔木。高达30m，胸径达80cm，小枝具有环状托叶痕；单叶互生，革质，长圆状椭圆形或倒披针形，长10~20cm，宽4~7cm，先端尾状渐尖，全缘，上面绿色无毛，下面苍绿色；花两性，清香，单生枝顶，花被片9~12，外轮3片，褐色，腹面带红色，倒卵状长圆形，中、内轮6~9片，白色稍带乳黄色至淡红色，倒卵状匙形，基部渐窄成爪；雄蕊多数，雌蕊群无梗；聚合蓇葖果近圆柱形，长7~10cm，径3.5~5.5cm，蓇葖果成熟时深紫红色，每果具种子4粒，种子具红色种皮。花期4~5月；果期9~10月。

喜光；喜温暖湿润气候；喜深厚肥沃、排水良好的酸性土壤，适应性较强。主产我国云南西部、西南部，生于海拔1700~2600m

图 34 红花木莲株（黄红春摄）

图 34-1 红花木莲花（孙卫邦摄）

的山地常绿阔叶林中，西藏东南部、贵州、广西、湖南也有分布。

红花木莲树姿优美壮观，花大芳香，色艳，观叶、观花皆可，为优良的观赏树、行道树及庭荫树。红花木莲为国家三级保护植物，应大力保护和发展。

图34-2 红花木莲花枝（黄红春摄）

图34-3 红花木莲果枝（黄红春摄）

35. 厚朴 *Magnolia officinalis* Rehd. et Will.

种加词：*officinalis*——'药用的'，指性能。

木兰科木兰属落叶乔木。高达15～20m，胸径达1m，树皮厚，小枝具环状托叶痕；叶大，聚生枝顶呈假轮生状，厚纸质或薄革质，倒卵形或椭圆状倒卵形，长22～40（45）cm，宽9～24cm，先端短急尖或圆钝，基部宽楔形，表面光滑，下面被明显的白粉和灰黄色柔毛，侧脉20～30对，叶柄粗；两性花，先叶或与叶同放，芳香，白色，顶生，径11～20cm，花被片9～12，近等大，长8～10cm，宽4～5cm，外轮3片，淡绿色，长圆状倒卵形，盛开时常向外反卷，内2轮白色，倒卵状，匙形；雄蕊多数，直立，长2～3cm，花丝红色；雌蕊群长圆状卵形；聚合果圆柱形，长7～15cm，小蓇葖果全部发育，先端具2～3mm的鸟嘴状尖头。花期4～5月；果期9～10月。

喜光；能耐侧方庇阴，适宜温凉、湿润气候及肥沃疏松的微酸性土壤；不耐严寒、酷暑，不耐水湿、干旱，生长中等偏快。产中国，分布于长江流域和陕西、甘肃南部。

厚朴叶大、荫浓，花形、色美丽，树皮为著名中药，花和种子亦可入药。为国家二级保护树种，可作园林结合生产的优良树种推广应用。

图35 厚朴株

亚种：

凹叶厚朴 ssp. *biloba* (Rehd.et Wils.) Law.

树皮鞘薄，叶顶端二钝圆浅裂，叶背灰绿色；花叶同放。用途同厚朴。

图35-1 厚朴花蕾

图35-2 厚朴花枝

图35-3 凹叶厚朴花、叶（孙卫邦摄）

图35-4 凹叶厚朴果枝

36. 云南拟单性木兰 *Parakmeria yunnanensis* Hu.

种加词：yunnanensis —'云南的'，指产地。

木兰科拟单性木兰属常绿乔木。高达28m，小枝具有明显的环状托叶痕；单叶，互生，薄革质，窄椭圆形或窄卵状椭圆形，长6.5～15cm，宽2～5cm，先端短渐尖，全缘，叶上面有光泽，新叶红色，托叶透明，粉红色；两性花及雄花异株，花芳香，白色，雄花花被片12～14，聚合果长圆状卵形，长约6cm。花期5月，果期9～10月。

图36 云南拟单性木兰株

喜温暖湿润气候，多生于南亚热带季雨林中；要求肥沃、排水良好的疏松壤土或沙壤土，生长快。产云南西畴、麻栗坡、金平、屏边，生于海拔1200～1500m山谷密林中。

云南拟单性木兰树姿优美，生长快，叶亮绿，托叶及新叶带色，观赏性强，材质较好，可作园林结合生产的优良树种，应大力推广应用。

图36-1 云南拟单性木兰托叶

图36-2 云南拟单性木兰花枝（孙卫邦摄）

37. 樟树（香樟）*Cinnamomum camphora* (L.) Presl.

种加词：*camphora* —— '樟脑'，指植株各部能提取樟脑。

樟科樟属常绿大乔木。高一般20~30m，最高可达50m，胸径4~5m，树冠庞大，宽卵形；全株各部具樟脑香气；单叶互生，略革质，卵形至卵状椭圆形，上面有光泽，下面微被白粉，全缘，离基三出脉，脉腋有腺点；圆锥花序生于新枝叶腋，花两性，小，淡黄绿色；浆果近球形，径6~8mm，熟时紫黑色；花被片花后脱落；果着生于肥厚杯状果托上。花期4~5月；果熟9~11月。

喜光，稍耐阴；喜温暖湿润气候，以深厚肥沃、微酸性或中性沙壤土为佳，较耐水湿，不耐干旱瘠薄和盐碱土；深根性，萌芽力强，耐修剪，寿命长，可达千年以上，有一定的抗海潮风，具有耐烟尘和有毒气体能力，并能吸收多种有毒气体，较能适应城市环境。

图37 樟树株

图37-1 樟树秋景

樟树树姿雄伟，枝叶茂密，冠大荫浓，广泛用作庭荫树、行道树、风景树和防护林树种；亦是工矿区绿化的主选树种；樟树全株都是宝，木材致密优美，耐水湿，有香气，抗虫蛀；全株各部均可提制樟脑及樟油，广泛用于化工、医药、香料等方面，是我国重要出口物资；樟树是经济价值极高的城市绿化树种，是园林结合生产推广应用的首选树种。

樟树是江西省的省树。

图37-2 樟树果枝、叶

38. 云南樟 Cinnamomum glanduliferum (Wall.) Nees

种加词：glanduliferum——'具腺的'，指脉腋具腺体。

樟科樟属常绿乔木。高20m；植株各部具樟脑香气，单叶互生，革质，椭圆形或卵状椭圆形，长7～15cm，宽4～6.5cm，全缘，上面光绿，下面微白粉，羽状脉，脉腋有腺体；花两性，小，淡黄色，圆锥花序，常顶部腋生；浆果球形，径1cm，果托碟状，边缘波状，果梗由下至上增粗似号筒形，长1cm。

喜光，稍耐阴；喜温暖湿润气候；生长快，萌芽性强。产云南、四川、贵州、西藏；生于海拔1500～2500m常绿阔叶林中。

云南樟枝叶繁茂，四季常青；生长快，枝叶可提樟脑和樟油，可作园林结合生产的树种推广应用。

图38 云南樟列植

图38-1 云南樟老叶变红

图38-2 云南樟未熟果枝

图38-3 云南樟成熟果枝

39. 天竺桂 *Cinnamomum japonicum* Sieb.

种加词：*japonicum*——'日本的'，指分布地。

樟科樟属常绿乔木。高 13m，胸径 40cm；植株各部具樟脑香气；单叶近对生，革质，披针状卵形，披针状长圆形，长 7~11cm，宽 2.5~3.5cm，先端长短尖或短尖，叶两面光亮无毛，离基三出脉，在两面隆起；两性花，小，圆锥花序，长 3~5cm，有花 7 朵以上；浆果椭圆形，径 5mm，果托浅杯状，边缘具浅齿。

喜光，稍耐阴，喜温暖湿润气候；生山谷肥厚土壤；产湖南及华东各省常绿阔叶林中。

图 39 天竺桂株

天竺桂四季常青,新叶粉红,生长健壮,适应性强;木材坚硬、耐腐,供造船、车辆、建筑用;枝叶可提芳香油,树皮为商用"桂皮"的一种,用于食用、药用;可作园林结合生产的优良树种推广应用。

图39-1 天竺桂新叶

图39-2 天竺桂枝叶

40. 长梗润楠 *Machilus longipedicellata* Lect.

种加词：*longipedicellata*——'长梗的'，指果梗长。

樟科润楠属常绿乔木。高达30m，胸径达50cm，各部具樟脑香气；单叶互生，薄革质，长椭圆形或倒卵状长圆形，长6.5～15 (20) cm，宽2.5～5cm，上面绿色，光亮无毛，下面淡绿或灰绿色，近无毛，中脉在上面凹陷，下面凸起，叶全缘；花两性，小，圆锥花序，生于短枝下部；果序具红色长梗，长达12cm，因此而得名；核果球形，径0.9～1.2cm，花被片分裂，宿存反折。花期5～6月；果熟期9～10月。

图40 长梗润楠株

喜光，亦耐阴；喜温暖湿润气候；喜深厚肥沃、排水良好的壤土。产云南中部、西北部，四川、西藏有分布。

长梗润楠四季常青，枝繁叶茂，树姿雄伟，果序梗长且色彩鲜艳夺目，观赏性强，宜作观赏树栽培；材质优良，枝、叶可提取芳香油；种子富含油脂，榨油供工业用，可作园林结合生产的优良树种推广应用。

图 40-1 长梗润楠新叶（孙卫邦摄）

图 40-2 长梗润楠果枝

图 40-3 长梗润楠果枝

41. 滇润楠 *Machilus yunnanensis* Lect.

种加词：*yunnanensis*——'云南的'，指产地。

樟科润楠属常绿乔木。高达20m，胸径80cm，各部有香气；单叶互生，革质，倒卵形或倒卵状椭圆形，叶边缘背卷；花两性，小，圆锥花序生于新枝下部；核果卵圆形，先端具小尖头，熟时蓝黑色，被白粉，花被片分裂，宿存反折。花期4~5月；果熟6~10月。

喜光；喜温暖湿润气候；喜肥沃湿润、排水良好的酸性土；深根性，生长较慢。产云南中部、西部及四川西南部。

图41 滇润楠株

滇润楠树冠卵圆形，叶浓绿，四季常青，新叶红色，无论作行道树还是作庭荫树均壮观优美；材质优良；叶、果可提取芳香油；树皮、叶碾粉可作熏香及蚊香的调和剂或饮水的净化剂。滇润楠可作园林结合生产的优良树种推广应用。

图 41-1 滇润楠早春景观

图 41-2 滇润楠新叶

42. 檫木 *Sassafras tzumu* (Hemsl.) Hemsl.

樟科檫木属落叶乔木。高达35m，树木通直，树冠倒卵状椭圆形，植株各部具樟脑香气；单叶互生，叶形奇特，先端2～3裂，早春新叶红艳悦目，入秋部分叶片经霜变红黄色。

喜光；喜温暖湿润、雨量充沛的气候及深厚肥沃、排水良好的酸性土壤；不耐水湿，忌积水；萌芽力强；对二氧化硫抗性中等。产长江流域，南至华南，西南至四川、贵州、云南。

檫木为著名的色叶观赏植物之一，亦是南方山区重要的速生用材树种，树皮能提取栲胶，根入药，可作园林结合生产的优良树种推广应用。

图42 檫木株

图42-1 檫木秋景

图42-2 檫木秋叶

图42-3 檫木花枝（孙卫邦摄）

43. 山桐子 *Idesia polycarpa* Maxim.

种加词：*polycarpa*——'多果的'，指果实多。

大风子科山桐子属落叶乔木。高达15m；单叶互生，宽卵形，缘疏生锯齿，基部心形，掌状脉5~7，叶柄长（与叶片几等长），具2腺体；花单性，雌雄异株，圆锥花序长10~20cm，下垂；浆果球形，径5~8mm，成熟时红色。花期5~6月；果期9~10月。

图43 山桐子果株

喜光，稍耐阴；对土壤要求不严，不耐寒，忌积水。产秦岭、淮河以南各省，生于海拔100～2500m的向阳山坡或丛林中。

山桐子树形美观，秋天红果累累，观赏期极长，宜作观赏树、行道树。

图43-1 山桐子幼果

图43-2 山桐子果枝

44. 柽柳（三春柳、西湖柳、观音柳）*Tamarix chinensis* Lour.

种加词：*chinensis*——'中国的'，指产地。

柽柳科柽柳属落叶灌木或乔木。高 5~7m，枝细长，下垂，带紫色；叶小，卵状披针形，长 1~3mm；花两性，小，粉红色，苞片条状钻形，萼片、花瓣及雄蕊各为 5，花盘 10 裂（5 深 5 浅），罕为 5 裂，柱头 3，棍棒状；蒴果 3 裂，长 3.5mm，春季开花后，夏季或秋季又再次开花，而以夏秋开花为主；总状花序侧生于去年生枝上者，春季开花；总状花序集成顶生大圆锥花序者，夏季开花；果 10 月成熟。

图 44 柽柳花株

喜光，耐寒、耐热、耐烈日暴晒；耐旱、耐水湿、抗风；耐盐碱土，能在重盐碱地上生长；深根性，根系发达，萌芽力强，生长迅速；极耐修剪。原产中国，分布极广，自华北至长江中下游各省，南达华南及西南地区。

柽柳姿态婆娑，枝叶纤秀，花期极长，为优秀的防风、固沙及改良盐碱土树种，亦可植于水边供观赏，萌条可供编织，嫩枝及叶可入药，树皮可制栲胶，也可作观赏结合防护应用推广。

图44-1 柽柳花枝

45. 红柳（多枝柽柳、西河柳）*Tamarix ramosissima* Ledeb.

种加词：*ramosissima*——'极多分枝的'，指分枝极多。

柽柳科柽柳属落叶灌木或小乔木。高达6m，分枝多，枝细长，红棕色；叶小，披针形至三角状心形，长2~5mm；总状花序长3~8cm，密生于当年生枝上形成顶生的大圆锥花序；苞片卵状披针形，花淡红、紫红或白色；萼片5；花瓣5，宿存；雄蕊5；花盘5裂；花柱3；蒴果三角状圆锥形；果形大，长3~4mm，超出花萼3~4倍。花期长，由夏至秋一直开放。

红柳比柽柳更耐酷热及严寒，可耐吐鲁番盆地47.6℃的高温及-40℃的低温，根系深达10余米，抗沙埋性很强，易生不定根，易萌发不定芽；寿命可长达百年以上。产东北、华北、西北各省区，尤以沙漠地区为普遍。

红柳枝叶纤秀，花期长，花色鲜艳，花期热闹非凡，观赏性强，适应性强，抗性强，可作观赏结合防护的优良树种推广应用。

图45 红柳花株

图45-1 红柳花序

46. 银木荷 *Schima argentea* Pritz.

种加词：*argentea*——'银白色的'，指叶下具银白色柔毛。

山茶科木荷属常绿乔木。高20~30m；单叶互生，全缘，厚革质，椭圆形或长圆状披针形，长7~14cm，宽2.5~5cm，上面显著具光泽，下面有银白色柔毛，叶柄长0.5~1.5cm；花两性，白色，常4~6朵排成伞状或短总状花序，腋生或簇生于小枝顶端；蒴果球形，木质，5裂，径约1.5cm，果梗细长，长1.5~3cm。花期5月；果期9~11月成熟。

喜光；喜温暖湿润气候；喜中等肥沃土壤，能耐干旱瘠薄；深根性，生长速度中等，寿命长，可达200年以上；树皮厚，抗山火，适应性强。产云南，生于海拔1600~2800（3200）m的常绿阔叶林中，四川西南部有分布。

银木荷树形优美，部分老叶变红，花白色，开花期满树银花，观赏性高，园林中应推广应用。

图46 银木荷花株

图46-1 银木荷新叶

图 46-2 银木荷花枝(孙卫邦摄)

图 46-3 银木荷未熟果枝

图 46-4 银木荷成熟果枝

47. 厚皮香 *Ternstroemia gymnanthera* (Wight et Arn.) Sprague. [*Cleyera gymnanthera* Wight et Arn.]

种加词：*gymnanthera*——'裸花药的'，指花药药隔不伸出，花药似裸生。

山茶科厚皮香属常绿小乔木。高15m；小枝粗壮，带棕色，近轮生，多次分叉，形成圆形树冠；单叶，革质，倒卵状椭圆形，全缘，上面深绿色光亮，两面无毛，常集生于枝顶，呈假轮生状；花两性，乳黄色，径1.5～1.8cm，浓香，常数朵集生枝梢，花瓣、花萼均5数；雄蕊多数，花药长圆形，长约2mm，药隔不伸出；浆果近球形，成熟时紫红色，径1～1.5cm；花柱顶端2浅裂，苞片、萼片均宿存；种子红色。花期6月；果期10月。

喜光，亦喜阴湿环境，能忍受-10℃低温，常生于背阴、潮湿、酸性黄壤、黄棕壤或红壤的山坡，也能适应中性和微碱性土壤；根系发达，抗风力强，不耐强度修剪。产华中、华东、华南及西南各省区，生于海拔1500m以下常绿阔叶林中。

图47 厚皮香秋株

图47-1 厚皮香枝叶

厚皮香枝叶平展成层,树冠浑圆,叶革质光亮,入冬转绯红色,似红花满树,花开时节浓香扑鼻,色、香俱美,可作观赏树、行道树;抗病虫害能力强,对二氧化硫、氟化氢、氯气等有毒气体抗性强,并能吸收有毒气体,适于行道、厂矿绿化;木材坚硬致密、耐腐,供雕刻、车旋、家具用;种子榨油;树皮可提制栲胶和茶褐色染料。

图47-2 厚皮香秋叶

图47-3 厚皮香花枝(孙卫邦摄)

图47-4 厚皮香果枝

48. 少肋椴 *Tilia paucicostata* Maxim.

种加词：*paucicostata*——少肋的，指果无棱。

椴树科椴树属落叶乔木。高达15m，单叶互生，纸质，卵状圆形至三角状卵形，先端长尾尖，1~1.5cm，基部斜心形至斜截形，边缘具细锯齿，上面略光泽、无毛，下面反脉腋具簇毛，余秃净，基出脉4~5，叶柄长1.5~5cm，无毛；花两性，小，黄色，聚伞花序3~4，有花6~15朵，花序梗长3~6cm，苞片长圆形至倒卵状披针形，长5~9cm，宽1.5~2cm，先端舌状渐尖，基部窄楔形，不对称，两面无毛，下半部与花序梗合生，果期宿存；核果倒卵形或圆形，直径4~6mm，无瘤点，无棱，被平伏毛，果壁革质。花期7~8月；果期9月。

图48 少肋椴株（孙卫邦摄）

喜光，亦耐阴；喜冷凉湿润气候，耐寒性强；喜深厚肥沃之土壤，在微酸性、中性和碱性土壤上均生长良好，抗风力强。产滇西北、滇西、滇中，生于海拔2400～2600m山地杂林中；陕西、甘肃、河南、四川、湖北、湖南也有。

少肋椴枝叶茂密，遮荫效果好，花可提取芳香油，也可供药用，茎皮纤维代麻用，可作为园林结合生产的优良树种推广应用。

图48-1 少肋椴花枝（孙卫邦摄）

图48-2 少肋椴果枝

49. 山杜英（杜英） *Elaeocarpus sylvestris* (Lour.) Poir.

种加词：*sylvestris*——野生的。

杜英科杜英属常绿乔木。株高10～20m，树冠卵球形；单叶互生，薄革质，倒卵状长椭圆形，先端钝，基部窄楔形，下延，缘有浅钝齿，脉腋有时具腺体，两面无毛，绿叶中常有少量鲜红的老叶；两性花，白色，花瓣上部细裂如丝，总状花序腋生，长2～6cm，花下垂，整个花序呈"刷状"；雄蕊多数；核果椭球形，长1～1.6cm，径小于1cm，熟时暗紫色，内果皮硬骨质，表面有沟纹。花期6～8月；果10～12月成熟。

图49 山杜英花株

喜光，稍耐阴；喜温暖湿润气候，耐寒性不强；适生于酸性黄壤、红黄壤、红壤山地；忌积水，萌芽力强，耐修剪；生长偏快；对二氧化硫抗性强。产华南、西南、江西、湖南等地，多生于海拔300～2000m常绿阔叶林中。

杜英四季绿意浓浓，冬春间有鲜红的老叶相衬，加上芳香、繁茂、形态奇美的花序，观赏性高，宜丛植、列植观赏；对二氧化硫抗性强，工矿区绿化和防护林建设可大量应用。

图49-1 山杜英叶

图49-2 山杜英花枝

图49-3 山杜英果枝

50. 梧桐（青桐）*Firmiana simplex* (L.) W.F.Wight

种加词：*simplex*——'不分枝的'，指树干端直，分枝较高。

梧桐科梧桐属落叶乔木。高15～20m，树干端直，树冠卵圆形，干枝翠绿色，平滑；单叶互生，掌状3～5分裂，表面光滑，下面被星状毛，裂片全缘，基部心形，叶柄约与叶片等长；单性花，无花瓣，萼裂片花瓣状，5深裂，长条形，黄绿色带红，向外卷；聚伞状圆锥花序顶生；蓇葖果，叶状果瓣5数，匙形，膜质，网脉明显。花期6～7月；果期9～10月。

喜光；喜温暖湿润气候，耐寒性不强；喜土层深厚肥沃、排水良好、含钙丰富的壤土；深根性，直根粗壮，萌芽力弱，不耐涝，不耐修剪；春季萌芽较晚，秋季落叶较早，故有"梧桐一叶落，天下尽知秋"之说；生长快，寿命较长，能活百年以上；对多种有毒气体有较强抗性。原产中国及日本，华北至华南、西南各省区广泛栽培。

图 50 梧桐花株

图 50-1 梧桐果株

梧桐树干端直，树皮光滑绿色，干枝青翠，绿荫深浓，叶大而形美，且秋季转为金黄色，花序、果序庞大，洁净可爱，是优美的庭荫树和行道树，在我国园林中为具中国民族风格的传统观赏树，应用较广；对多种有毒气体有较强的抗性，厂矿绿化应大力推广应用；梧桐木材轻韧，纹理美观，可供乐器、家具等用材；种子可炒食或榨油，叶、花、根及种子均可入药。

图50-2 梧桐树干

图50-3 梧桐枝叶

图50-4 梧桐蒴果

51. 油桐（三年桐、桐油树）*Aleurites fordii* Hemsl. [*Vermicia fordii* (Hemsl.) Airyshaw.]

种加词：*fordii*——人名拉丁化。

大戟科油桐属落叶乔木。高达12m，树冠扁球形，植株含乳汁；单叶互生，卵形，长7~18cm，全缘，有时3浅裂，基部截形或心形，掌状脉3~7，叶柄顶端具2紫红色扁平无柄腺体；花单性，雌雄同株，圆锥状聚伞花序顶生，花大，径约3cm，花瓣5，白色，基部有淡红褐色条斑；花萼2~3裂，雄蕊8~20；核果大，近球形，径4~6cm，先端尖，表面平滑；种子3~5粒。花期3~4月，稍先于叶开放；果10月成熟。

图51 油桐株（孙卫邦摄）

图51-1 油桐花枝

图51-2 油桐果枝（孙卫邦摄）

图51-3 油桐果实

喜光；喜温暖湿润气候，不耐寒，不耐水湿及干旱瘠薄，在背风向阳的缓坡地带，以及深厚肥沃、排水良好的酸性、中性或微石灰性土壤上生长良好，开花结果良好；生长较快，寿命较短，但在立地条件和管理良好时，寿命可达100年以上；对二氧化硫污染极为敏感，可作大气中二氧化硫污染的监测植物。原产我国，主产长江流域及其以南地区，以四川、湖南、湖北为集中产地。

油桐是我国重要特产经济树种，有千年以上的栽培历史，其种子榨油称桐油，为优质中性油，是我国传统的出口物资，我国桐油产量占世界的70%；油桐树冠圆整，叶大荫浓，花大而美丽，可植为庭荫树及行道树，是园林结合生产的优良树种之一。

52. 重阳木 *Bischofia polycarpa* (Levl.) Airy-Shaw. [*B. racemosa* Cheng et C.D.Chu]

种加词：*Polycarpa*——'多果的'，指浆果多数。

异名加词：*racemosa*——'总状花序式的'，指具总状花序。

大戟科重阳木属落叶乔木。有乳汁，高达15m，树冠伞形；羽状三出复叶，互生，小叶卵形至椭圆状卵形，长5～11cm，先端突尖或突渐尖，基部圆形或心形，缘具细锯齿，两面光滑，无毛；花小，绿色，雌雄异株，成总状花序；浆果球形，小，径5～7mm，熟时红褐色至蓝黑色。花期4～5月；果期9～11月。

喜光，稍耐阴；喜温暖气候，耐寒力弱，耐水湿；对土壤要求不严，在河边、堤岸、湿润、肥沃的沙质壤土上，生长良好；根系发达，抗风力强，生长快；对二氧化硫有一定抗性。产秦岭、淮河流域以南至两广北部，在长江流域下游地区习见。

图52 重阳木株

重阳木树姿优美,绿荫如盖,早春嫩叶鲜绿光亮,入秋叶色转红,可形成层林尽染的景观,宜作庭荫树及行道树,亦可作堤岸绿化及厂矿绿化树种,特别是营造壮丽秋景的树种;木材红褐色,坚重、耐水湿,可供建筑、桥梁、枕木、器具等用;种子可榨油用于工业。

图52-1 重阳木幼树

图52-2 重阳木枝叶

53. 乌桕 *Sapium sebiferum* (L.) Roxb.

种加词：*sebiferum*——'具蜡质的'，指种子表面具蜡质。

　　大戟科乌桕属落叶乔木。高达15m，树冠圆球形，植株有乳液；单叶互生，纸质，菱形至菱状卵形，先端尾尖，全缘，光滑无毛；叶柄细长，顶端有2腺体；花雌雄同株，且同序，无花瓣和花盘，穗状花序长6～12cm，顶生，黄绿色；蒴果木质，三棱状扁球形，黑褐色，开裂时露出被白色蜡层的种子，宿存在果轴上经冬不落。花期5～7月；果期10～11月。原产我国，分布甚广。

　　喜光；喜温暖气候及深厚肥沃而湿润的微酸性土壤，有一定耐旱、耐水湿及抗风能力；寿命较长，可达百年以上，能抗火烧，并对二氧化硫及氯化氢抗性强；病虫害少。原产我国，分布甚广，南至广东，西南至云南、四川，北至山东、河南、陕西；主产长江流域，浙江、湖北、四川等省栽培集中。

　　乌桕叶形秀美，入秋叶色红艳可爱，绚丽诱人，常孤植、散植、

图53　乌桕林观（孙卫邦摄）

图53-1　乌桕秋株

丛植于水边、池畔、坡地、草坪中央或边缘；列植于堤岸、路旁作护堤树、行道树或混生于风景林中，秋日红绿相间，尤为壮观；乌桕冬天桕籽挂满枝头，经久不落，也十分美观，古人有"喜看桕树梢头白，疑是红梅小着花"的诗句；乌桕还是重要的工业用木本油料树种；其根、皮和乳液入药。

图53-2 乌桕雄花序、叶（孙卫邦摄）

图53-3 乌桕秋叶

图53-4 乌桕未熟果序

图53-5 乌桕成熟果序

54. 滇鼠刺 *Itea yunnanensis* Franch.

种加词：*yunnanensis*——'云南的'，指产地。

鼠刺科鼠刺属常绿小乔木或灌木。高达10m；单叶互生，薄革质，卵形或椭圆形，长5~10cm，宽2.5~5cm，先端锐尖或短渐尖，基部钝或圆，边缘具刺状而稍向内弯的锯齿，两面无毛；两性花，小，多数。淡黄绿色，花瓣5，线状披针形，雄蕊5，与花瓣互

图54 滇鼠刺果株

生；花萼小，萼筒杯状，半球形或倒锥形，裂片5，三角状披针形，淡黄绿色，总状花序顶生，长达20cm，下弯，花梗在开花时平展，在结果时下垂；蒴果椭圆状棱形，长0.5～0.6cm，顶端具喙，二瓣裂。花期4～7月；果期6～11月。

喜光，稍耐阴；喜温暖湿润气候。喜深厚肥沃、排水良好的壤土，忌积水。产云南，生于海拔（800）1400～2700m的林下、林缘山坡、路旁；广西、四川、贵州及西藏有分布。

滇鼠刺花序、果序下垂，飘逸，别具一格，可在园林中推广应用。

图54-1 滇鼠刺未熟果序（管开云摄）

图54-2 滇鼠刺成熟果序

55. 球花石楠 *Photinia glomerata* Rehd. et Wils.

种加词：*glomerata*——'具团伞花序的'，指花序形状。

蔷薇科石楠属常绿乔木。高达15m，树冠球形至塔形；单叶互生，革质，长圆状披针形，缘具细锯齿；复伞房花序顶生；花两性，蔷薇花冠，小，白色，萼片、花瓣各5，雄蕊多数；梨果小，卵形，微肉质，具宿存萼，径5~6mm，红色。花期4~5月；果期9~10月。

喜光，稍耐阴；喜温暖湿润气候，耐干旱贫瘠，适应性广，但不耐水湿；生长中速，萌芽力强，耐修剪；病虫害少。产云南、四川，生于海拔1400~2700m的山坡杂木林中。

球花石楠枝叶繁茂，蔽荫性好，新叶红润，赏心悦目；花密，果红，是美丽的观赏树种，孤植、丛植、列植均适宜，值得大力推广应用。

图55 球花石楠果株

图55-1 球花石楠花枝

图 55-2 球花石楠老叶

图 55-3 球花石楠幼果枝

图 55-4 球花石楠成熟果序

56. 耳叶相思（大叶相思）*Acacia auriculaeformis* A.Cunn

种加词：*auriculaeformis*——'耳状叶'，指叶形。

含羞草科金合欢属常绿乔木。高可达30m；羽状复叶退化，叶柄变为扁平的叶状体，耳形，革质，具平行脉；花两性，黄色；萼钟状，齿裂，花瓣分离，雄蕊多数，穗状花序腋生；荚果扁平，扭曲旋卷。花期8~10月；果熟期翌年3~4月。

适生于季风气候，生长迅速，萌生能力强，是热带、南亚热带沿海地区营造水土保持林、防护林、薪炭材的树种。原产巴布亚新几内亚、澳大利亚等地，我国广东、海南等南方城市多栽培。

耳叶相思花芳香、色明快，叶亮绿，叶、花、果皆美，且是优良的蜜源树。可作园林结合生产的优良树种推广应用。

图56 耳叶相思

57. 黄檀（白檀、不知春）*Dalbergia hupeana* Hance

种加词：*hupeana*——'湖北省的'，指产地。

蝶形花科黄檀属落叶乔木。高达20m，奇数羽状复叶，小叶7～11，卵状长椭圆形至长圆形，长3～6cm，叶端钝而微凹，叶基圆形；圆锥花序顶生或生于小枝上部叶腋；两性花，蝶形花冠，小，淡黄白色花，雄蕊2体（5+5）；荚果扁平而薄，长圆形，不开裂，长3～7cm；种子1～3粒，种子四周明显缢缩。花期5～6月；果期9～10月。

图57 黄檀花株

喜光；喜温暖气候；耐干旱贫瘠；在酸性、中性及石灰质土上均能生长，忌水涝。产中国东部、中部、南部及西南部，生于平原低山至西部海拔1000m之常绿阔叶林中。

黄檀花繁叶茂，果形优美，可作观赏树应用，适应性强，为优良的荒山荒地绿化的先锋树种，黄檀又是重要的紫胶寄主树种，可作园林结合生产推广应用。

图 57-1 黄檀花枝

图 57-2 黄檀果枝

58. 毛刺槐（江南槐）*Robinia hispida* L.

种加词：*hispida*——'具硬毛的'，指茎、小枝、叶柄、花梗均具硬毛。

蝶形花科刺槐属落叶乔木。高2m，常以刺槐作砧木嫁接成小乔木状；茎、小枝、叶柄、花梗均具红色刺毛，托叶不变为刺状；奇数羽状复叶互生，小叶7~13枚，宽椭圆形至近圆形，长2~3.5cm，先端钝而有小尖头，全缘，对生或近对生；花两性，蝶形花冠，粉红色或紫红色，3~7朵组成稀疏的总状花序；荚果长5~8cm，具腺状刺毛。花期6~9月；果期8~12月。

喜光，耐寒；喜排水良好的土壤，适应性强，忌积水。原产北美，我国东部、南部、华北及辽宁南部，多栽培。

毛刺槐花大色艳，花期较长，观赏性高，可孤植、丛植、列植、片植观赏。在昆明世博园中生长良好。

图58 毛刺槐花株

图58-1 毛刺槐花枝

59. 槐树（国槐）*Sophora japonica* L.

种加词：*japonica*——'日本的'，指产地或分布地，实为模式标本采集地。

蝶形花科槐属落叶乔木。高达25m，胸径1.5m，树冠圆形；奇数羽状复叶，小叶7～17枚，对生或近对生，卵形或卵状披针形，全缘；两性花，蝶形花冠，淡黄绿色，排成圆锥花序；荚果念珠状，肉质；长2～8cm，不开裂，也不脱落。花期6～8月；9～10月果成熟。

喜光，略耐阴；喜干冷气候，耐寒，但在高温多湿的华南也能生长；喜深厚肥沃、排水良好的沙质壤土，在酸性、中性、石灰性及轻碱土上均能生长，但在干燥贫瘠的山地及低洼积水处生长不良；耐旱、深根性、萌芽性强、耐修剪，寿命长；对二氧化硫、氯气、氯化氢等有害气体及烟尘抗性较强。原产我国北部，现各地普遍栽培，以黄河流域、华北平原最为常见。在北京各园林及一些老住宅区500年以上的古槐树数量还不少。

常见变种：龙爪槐 var. *pendula* Loud.

变种加词：*pendula*——'下垂的'，指小枝弯曲，下垂。

龙爪槐树冠呈伞形，园林中普遍应用。

槐树姿态优美，绿荫如伞，是北方重要的庭荫树及行道树，也是厂矿区的良好绿化树种；花富蜜汁，是夏季的重要蜜源树种。龙爪槐是中国庭园绿化的传统树种之一，富于民族特色的情调，常对植于庭园入口两侧，列植于路旁、溪畔、草坪边缘等；槐树的花蕾、花、果、根、皮均可入药；花蕾还可作黄色染料。槐树为山西省省树。

图59-1 古槐树（唐槐）

图 59 槐树花株

图 59-2 槐树果株

图 59-3 龙爪槐株

图 59-4 龙爪槐花枝

60. 马蹄荷(白克木、合掌木) *Exbucklandia populnea* (R.Br.) R.W.Brown

种加词：*populnea*——'像白杨的'，指叶形、树形似白杨。

金缕梅科马蹄荷属常绿乔木。高达35m，芽藏于托叶内，具环状托叶痕；单叶互生，革质，宽卵形，长10～17cm，宽9～13cm，先端锐尖，基部心形，稀圆形，全缘或嫩叶先端3裂，掌状脉5～7，两面均显著，网脉不明显，叶柄长3～6cm，圆柱形，托叶2，苞片状，椭圆形，革质，长2～3cm，宽1～2cm，偏斜，相对合生，似合掌状，由此而得名"合掌木"；花两性或杂性同株，花瓣线形、白色，长2～3mm或缺；萼齿不明显，常为鳞片状；头状花序单生或聚成总状；果序有蒴果8～12，果序梗长1.5～2cm，果椭圆形，长7～9mm，果皮表面平滑，种子具窄翅。

喜光；喜温暖湿润气候；喜深厚肥沃、排水良好的土壤，忌积水，耐寒性差。产西南的贵州、云南、广西、西藏等地，生于海拔500～2600m山地的常绿阔叶林中。

图60 马蹄荷株

图60-1 马蹄荷叶及托叶

马蹄荷枝叶繁茂、四季常青，托叶似合掌，奇特、优美，观赏性高；其耐火能力强，为优良的防火造林树种；木材有光泽，供制胶合板、造纸等，可作为园林结合生产的优良树种推广应用。

图60-2 马蹄荷蒴果

图60-3 马蹄荷幼果

61. 枫香（枫杨、路路通） *Liquidambar formosana* Hance

种加词：*formosana* ——'台湾省的'，指产地或景观'美丽的'。

金缕梅科枫香属落叶乔木。高达40m，胸径1.85m，树液芳香，树冠宽卵形或略扁平；单叶互生，常掌状三裂，裂片先端尾尖，基部心形或截形，缘具细锯齿；花单性同株，无花瓣，头状花序单生；蒴果木质，较大，径3~4cm，下垂，宿存花柱长达1.85cm，刺状萼片宿存，像个小刺球。花期3~4月；果10月成熟。

喜光，幼树稍耐阴；喜温暖湿润气候及深厚肥沃土壤，也能耐干旱瘠薄，不耐水湿；深根性，抗风、耐火、萌蘖性强；对二氧化硫和氯气抗性较强。产长江流域及其以南地区，西至四川、贵州，南至广东，东至台湾。

枫香树高干直，树冠宽阔，气势雄伟，深秋叶色红艳，红叶盛期可达40多天，全树呈现红色美丽的壮观景象，为著名的秋色叶

图61 枫香秋株

树种，亦是优良的厂矿绿化树种和耐火防护树种；枫香之根、叶、果均可入药，树脂亦可入药，又可作定香剂；木材轻软，结构细，可作建筑及器具用材。枫香为园林结合生产的优良树种。

图61-1 枫香秋枝

图61-2 枫香果枝

图61-3 枫香果枝秋景

62. 杜仲（丝绵树）*Eucommia ulmoides* Oliv.

种加词：*ulmoides*——'像榆树的'，指叶形、果形像榆树。

杜仲科杜仲属落叶乔木。高达20m，胸径1m，树冠圆球形，枝、叶、树皮、果实内均有白色胶丝；单叶互生，椭圆状卵形，纸质，长6~18cm，先端渐尖，缘具锯齿，叶脉两面明显，上面网脉下凹，皱纹状；单性花，雌雄异株，无花被，先叶开放或与叶同放；翅果扁平，顶端微凹，棕褐色。花期3~4月；果期10~11月。

喜光，不耐阴；喜温暖湿润气候；对土壤要求不严，在酸性、中性、微碱性及钙质土上均能生长，喜肥沃湿润、排水良好的沙质壤土，忌涝；浅根性，萌蘖性强，生长速度中等。中国特产，单科、单属、单种，中国中部及西部，四川、贵州、云南、湖北及陕西为集中产区。

图62 杜仲株

图62-1 杜仲果株

杜仲树干端直,树形整齐优美,枝叶茂密,是良好的庭荫树及行道树;树皮、叶、果均可提炼优质硬性橡胶,为电气绝缘及海底电缆的优良材料,树皮为重要的中药材;杜仲是我国重要的特用经济树种,列为国家二级重点保护,可作为园林、防护结合生产的优良树种推广应用。

图62-2 杜仲果枝

63. 藏川杨 *Populus szechuanica* Schneid. var. *tibetica* Schneid.

种加词：*szechuanica*——'四川的'，指产地。

变种加词：*tibetica*——'西藏的'，指产地。

杨柳科杨属川杨的变种，落叶乔木。高达40余m，胸径50余cm，小枝微具棱；叶卵状长椭圆形，长8～18cm，宽5～15cm，先端短渐尖，基部浅心形或圆形，边缘具腺锯齿，两面均有短柔毛，基部第二对侧脉通常在叶片中部以上伸达边缘；叶柄圆柱形，长2～9cm，被短柔毛；果序轴无毛，蒴果通常3～4瓣裂。花期4～5月；果期5～6月。

喜温凉湿润气候，较耐阴冷，在空旷干燥的环境中生长不良。产西藏、四川等地。生于海拔2700～4100m间，在河谷沟边的冲积土或草甸上习见。

藏川杨树大荫浓，生长势强，是适生地区的造林绿化树种。

图63 藏川杨株

图63-1 藏川杨雌花序

64. 毛白杨（大叶杨）*Populus tomentosa* Carr.

种加词：*tomentosa*——'被绒毛的'，指枝、叶被绒毛。

杨柳科杨属落叶乔木。高达30~40m，胸径达1m，树冠卵圆形，树皮灰白色，皮孔菱形；叶三角状卵形，先端渐尖，基部心形或截形，边缘具波状缺刻或锯齿；叶柄扁平，先端常具腺体，幼枝、嫩叶、叶柄及叶背均密被灰白色绒毛；雌雄异株。花期3~4月，叶前开放；蒴果小，三角形，4月下旬成熟。

图64 毛白杨株

喜光，要求凉爽、湿润气候，忌积水；对土壤要求不严，在酸性至碱性土上均能生长；抗烟尘和抗污染能力强。中国特产，主要分布于黄河流域，北至辽宁南部，南至江苏、浙江，西至甘肃东部，西南至云南均有之，垂直分布一般在海拔200～1200m之间，最高可达1800m。

毛白杨树干灰白端直，树形高大宽阔，气势颇为壮观，在园林绿化中宜作行道树及庭荫树，亦为厂矿区绿化、"四旁"绿化、防护用材的重要树种。毛白杨是天然杂种，种子稀少，主要采用无性繁殖；多于早春或晚秋栽植；雄花序凋落后，收集可供药用。

图64-1 毛白杨树干

图64-2 毛白杨枝叶

65. 金枝垂柳 *Salix alba* L. var. *tristis* Gand.

种加词：*alba*——'白色的'。

变种加词：*tristis*——'暗淡的'。

杨柳科柳属白柳的变种，落叶乔木。小枝金黄色，无毛，光滑；芽萌动前，树姿极优美，满树金枝飘逸，观赏性甚高。山东特有，在昆明世博园中生长良好，春天无飞絮，值得推广应用。

图 65 金枝垂柳株　　　　图 65-1 金枝垂柳枝条

66. 龙爪柳 *Salix matsudana* f. *tortusa* (Vilm.) Rehd.

种加词：*matsudana*——人名拉丁化。

变型加词：*tortusa*——'扭旋的'，指枝条扭旋。

杨柳科柳属旱柳的变型，落叶乔木。枝条扭曲，给人以亲切、自然、优美的感觉，可作庭荫树、观赏树，亦是早春蜜源植物。

图 66 龙爪柳冬景

图 66-1 龙爪柳枝叶

67. 杨梅 (树杨梅) *Myrica rubra* (Lour.) Sieb. et Zucc.

种加词: *rubra* —— '红色的', 指果的颜色。

杨梅科杨梅属常绿灌木或小乔木。高12m, 树冠球形; 单叶、革质, 倒卵状披针形, 长6~11cm, 全缘, 下面密布金色小油腺点, 雌雄异株, 雄花序穗状单生或数条丛生于叶腋, 长1~3cm, 直径3~5mm, 雌花序紫红色, 单生叶腋; 核果圆球形, 径1.0~1.5cm, 外果皮肉质, 有小疣状突起, 熟时深红色、紫红色或白色, 味甜酸。

图67 杨梅果株

花期3~4月；果期6~7月。

喜温暖湿润气候，耐阴，不耐强烈日照；喜排水良好的酸性土壤，在微碱性土中也能生长；不耐寒，深根性，寿命长，萌芽力强；对二氧化硫等有害气体有一定抗性。产我国长江流域以南，西南至四川、云南等地。

杨梅树冠球形整齐，枝叶茂密，夏日果熟红绿相间玲珑可爱，为优良的园林绿化观赏树种兼著名的水果树种，果可生食、制果干、酿酒或浸酒药用，叶可提取芳香油。可作园林结合生产的优良树种推广应用。

图67-1 杨梅雄花序

图67-2 杨梅果枝

68. 白桦 *Betula platyphylla* Suk.

种加词：*platyphylla*——'阔叶的'，指叶的形状。

桦木科桦木属落叶乔木。高达27m，胸径50cm；树冠卵圆形，树皮白色，纸质分层剥离，小枝细，红褐色，无毛；单叶互生，三角状卵形至菱状卵形，长3.5~6.5cm，先端渐尖，基部宽楔形，缘具不规则重锯齿，侧脉5~8对，背面疏生油腺点；单性花，雌雄同株；果序单生，下垂，圆柱形，长2.5~4.5cm，坚果小而扁，两侧具宽翅。花期5~6月；果期8~10月。

图68 白桦株

喜光，强阳性，耐严寒；喜酸性土壤，耐瘠薄，适应性强，在沼泽地、干燥阳坡及湿润之阴坡均能生长；深根性，生长快，寿命较短；萌芽性强，天然更新良好。产东北、华北、西北及西南各地高山区。

白桦树姿优美，尤其干皮洁白雅致，十分引人注目，孤植、丛植、列植于各类景观中均很美观，在坡地成片栽植，为别具一格的风景林相；树皮可提栲胶，亦可入药，树皮还可提取桦油，供化妆品香料用；木材结构细，可供多种材用；白桦是中国东北林区主要阔叶树种之一，可作园林结合生产的优良树种推广应用。

图68-1 白桦树干

图68-2 白桦果序

69. 板栗 *Castanea mollissima* Bl.

种加词：*mollissima*——'极被毛的'，指壳斗被极多刺毛。

壳斗科栗属落叶乔木。高达20m；单叶互生，卵状椭圆形至椭圆状披针形，长8~18cm，缘有锯齿，侧脉直达齿端呈芒状，下面被灰白色星状短柔毛；单性花同株，雄葇荑花序直立。雌花集生于枝条上部的雄花序基部，坚果半球形或扁球形，总苞（壳斗）密被长刺，全包坚果1~3个，通常2个，果皮革质，暗褐色，果可生食。花期5~6月；果期9~10月。

喜光；对气候和土壤的适应性强，较耐旱、耐寒、耐水涝，以阳坡、肥沃湿润、排水良好的沙壤或砾质壤土上生长最适宜；深根性，根系发达，寿命长，萌芽性较强，耐修剪。中国特产树种，除新疆、青海以外均有栽培，以华北及长江流域各地最集中，产量也最大。

板栗树冠宽圆，枝叶荫浓，可作庭荫树；果可食，为著名干果，是园林结合生产的优良树种，可辟专园经营，亦是山区、农村、厂矿绿化的优良树种；板栗的壳斗、树皮、嫩枝可提取栲胶；板栗材质优良，还是蜜源植物。

图69 板栗雄花序

图69-1 板栗果枝

70. 滇青冈 *Cyclobalanopsis glaucoides* Schott.

种加词：*glaucoides*——"粉绿色的"，指叶背面粉绿色。

壳斗科青冈属常绿乔木。高达20m，胸径1m；单叶互生，椭圆形或窄椭圆形，长6~13cm，宽2.5~4.5cm，先端渐尖，边缘上半部有疏齿，中部以下全缘，上面深绿色，有光泽，背面粉绿色，被黄褐色弯曲柔毛；单性花同株，雄花序葇荑状下垂，多簇生于新枝基部；总苞单生或2~3个集生，杯状，包坚果1/3~1/2，苞片合生成5~8条同心环带，坚果卵形或近球形。花期4~5月；果期10~11月。

喜光；喜温暖湿润气候，有一定耐寒性，较耐阴；喜钙质土，生长速度中等，萌芽力强，耐修剪；深根性，抗有毒气体能力较强，寿命长。主产中国西南地区，生于海拔1200~2800m的石灰岩山地。

图 70 滇青冈株

图 70-1 滇青冈果枝

滇青冈枝叶茂密，树姿优美，四季常青，是良好的绿化造林树种。萌芽力强，耐修剪，有较好的抗有害气体能力和隔声、防火能力及防尘抗烟能力，可用作厂矿绿化和防污染树种；木材坚韧，可供桥梁、建筑、车辆、器械等用；种子是淀粉原料，树皮及总苞可提取栲胶；滇青冈是云南常绿阔叶林的主要树种之一，亦可作园林结合生产推广应用的好树种。

图70-2 滇青冈坚果、壳斗

71. 槲栎 *Quercus aliena* Bl.

种加词：*aliena*——'不同的'，指跟其他种有区别。

壳斗科栎属落叶乔木。高达25m，胸径1m，树冠宽卵形；单叶互生，倒卵状椭圆形，长10~22cm，先端钝圆，基部耳形或圆形，缘具波状缺刻，背面灰绿色，有星状毛，叶柄长1~3cm；总苞碗状，包坚果1/2~2/3，苞片鳞形，短小，排列紧密。花期4~5月；果期10月。

图71 槲栎秋株

图71-1 槲栎叶

图71-2 槲栎坚果及壳斗

喜光，稍耐阴，耐寒，耐干旱瘠薄；喜酸性至中性的湿润深厚而排水良好的土壤；深根性，萌芽力强；抗风、抗烟、抗病虫害能力强，耐火力强，生长速度中等。产辽宁、华北、华中、华南及西南各省区，垂直分布华北在1000m以下，云南可达2500m。

槲栎树形奇雅，枝叶扶疏。入秋叶呈紫红色，别具风韵，抗烟尘及有害气体；可用于厂矿绿化；幼叶饲养柞蚕；木材坚硬，供建筑、家具、枕木等用；槲栎适应性强，根系发达，是暖温带落叶阔叶林主要树种之一；亦是荒山造林、防风林、水源涵养林及防火林的优良树种，可作园林结合生产、防护推广应用。

72. 栓皮栎 *Quercus variabilis* Bl.

种加词：*variabilis*——'易变的'。

壳斗科栎属落叶乔木。高达25m，胸径1m，树冠宽大卵形；树皮木栓层厚而软；单叶互生，椭圆状披针形至椭圆状卵形，长8～15cm，先端渐尖，边缘有芒状锯齿，背面密生灰白色星状毛；单性花，雌雄同株，雄花序为下垂葇荑花序；坚果单生或双生于当年生枝叶腋；总苞杯状，包坚果2/3，苞片锥形粗刺状，反曲；坚果卵球形或椭球形。花期3～4月；果翌年9～10月成熟。

图72 栓皮栎株

喜光，不耐阴，常生于阳坡，但幼树以侧方庇阴为好；对气候、土壤的适应性强，能耐-20℃低温，亦耐干旱、瘠薄，不耐积水；深根性，抗旱、抗风力强，但不耐移植；萌芽力强，抗火耐烟能力强，易天然萌芽更新，寿命长。产中国，分布广泛。

栓皮栎树干通直，枝条伸展，树姿雄伟，浓荫如盖，入秋时转橙褐色，季相变化明显，是良好的绿化观赏树种；根系发达，适应性强，是营造防风林、水源涵养林及防火林带的优良树种，壳斗为重要的栲胶原料，枝干是培养木耳、香菇、银耳的好材料；栓皮为国防及工业重要材料；木材为我国重要的硬阔叶材种；坚果为重要的淀粉原料；叶为柞蚕饲料之一。栓皮栎全身都是宝，是我国重要的特用经济树种，可作园林结合生产大力推广应用。

图72-1 栓皮栎雄花序

图72-2 栓皮栎果枝

73. 滇朴（四蕊朴） *Celtis yunnanensis* Schneid [*C. tetrandra* Roxb.]

种加词：*yunnanensis*——'云南的'，指产地。

异名加词：*tetrandra*——'四雄蕊的'，指雄蕊数。

榆科朴属落叶乔木。高达15m，胸径达1m，树冠宽卵形；单叶互生，卵状椭圆形，长5~12cm，宽3.0~5.5cm，基部多偏斜，先端渐尖或尾状渐尖，边缘中上部具齿，下部全缘，三出脉；花被片4，雄蕊与花被片同数，因此而得名"四蕊朴"；核果单生或2~3生于叶腋；果成熟后黄色、橙黄色至黑色，近球形，径为8mm。花期12月至翌年1月；果期3~4月。

图73 滇朴株

图73-1 滇朴秋株

喜光，能耐水湿，耐瘠薄，酸性、中性、石灰性土壤均可生长，适应性强，抗污染能力强。产云南各地，生于海拔1200～2700m的河谷林中或山坡灌木丛中。广西、四川、西藏均产。

滇朴树冠浓密，秋叶变黄，适应性强，移植成活率高，是云南优良的绿化树种之一，宜作庭荫树、行道树；木材结构细，优良用材，亦可作砧板。

图73-2 滇朴秋叶

图73-3 滇朴果枝

74. 垂枝榆（龙爪榆）*Ulmus pumila* L. var. *pendula* (Kirchn.) Rehd.

变种加词：*pendula*——'下垂的'，指枝条下垂，而得名垂枝榆。

榆科榆属榆树的变种，落叶灌木或小乔木。小枝下垂；叶椭圆形至椭圆状披针形，长 2～6cm，先端渐尖，基部稍歪，缘具不规则之单锯齿；两性花，早春先叶开放，萼 4 裂；雄蕊 4，翅果近圆形，种子位于翅果中部，熟时黄白色，无毛。花期 3 月；果期 4～6 月。

喜光，耐寒性强；能适应干冷气候；喜肥沃湿润土壤，不耐水湿，但能耐干旱瘠薄和盐碱土；生长较快，寿命长，萌芽力强，耐修剪，主根深，侧根发达；抗风、保土力强；对烟尘及氟化氢等有毒气体的抗性较强。我国北方栽培应用较多，在昆明世博园生长良好。

垂枝榆树姿优美，在各种景观中应用均宜，值得推广应用。

图 74 垂枝榆列植

图 74-1 垂枝榆株

图 74-2 垂枝榆枝叶

图 74-3 垂枝榆果枝

75. 榔榆（小叶榆）*Ulmus parvifolia* Jacq.

种加词：*parvifolia*——'小叶的'，指叶小，而得名小叶榆。

榆科榆属落叶或半常绿乔木。高达25m，胸径1m，树冠扁球形或卵球形；单叶，小而质厚，长椭圆形至卵状椭圆形，长2～5cm，先端尖，基部歪斜，缘具单锯齿，互生；花两性，簇生叶腋，萼4～8深裂；翅果长椭圆形或卵形，长8～10mm，种子位于翅果中央，无毛，成熟时淡褐色。花期秋季8～9月；果期10～11月。

喜光，稍耐阴；喜温暖气候，亦能耐-20℃的短期低温；喜肥沃湿润土壤，亦有一定的耐干旱瘠薄能力，在酸性、中性和石灰性土壤的山坡、平原及溪边均能生长；生长速度中等，寿命较长，深根性，萌芽力强；对二氧化硫等有毒气体及烟尘的抗性较强。主产长江流域及其以南地区，垂直分布一般在海拔500m以下地区。

榔榆树形优美，姿态潇洒，树皮斑驳，树叶细密，具较高观赏性，孤植、丛植于各类景观中均宜；其抗性强，适应性强，可选作厂矿绿化树种，榔榆还是盆景制作的优良材料；木材坚韧，经久耐用，为上等用材；树皮、根皮、叶均能药用。

图75 榔榆造型

图75-1 榔榆果枝

76. 构树 *Broussonetia papyrifera* (L.) Vent.

种加词：*papyrifera*——'可制纸的'，指植株纤维发达，可作制纸原料。

桑科构属落叶乔木。高16m，胸径60cm，树皮平滑，枝密生白色绒毛；单叶互生，有时近对生，卵形，长7~20cm，先端渐尖，基部圆形或近心形，基三出脉，缘有粗锯齿，不裂或不规则2~5裂，两面密生柔毛，叶柄长3~5cm，密生粗毛；单性花，雌雄异株，雄花序葇荑状下垂；雌花序头状；聚花果球形，瘦果外被宿存的花萼及肉质伸长的子房柄，径约3cm，成熟时橙红色。花期4~5月；果期8~9月。

图76 构树株

图76-1 构树枝叶

喜光；适应性强，能耐北方干冷和南方湿热气候；耐干旱瘠薄，也能生长在水边；喜钙质土，也能在酸性、中性土上生长；生长快，萌芽力强，根系较浅，但侧根分布很广；对烟尘及有毒气体抗性很强，病虫害少。

构树是工矿区，特别是化工厂区绿化的优良防护与遮荫树种，树皮是优质造纸原料；根皮、叶、果可入药；木材结构中等，可作一般材用及薪炭用；叶亦可作猪饲料。构树可作防护、绿化以及结合生产树种推广应用。

图76-2 构树雄花序

图76-3 构树雌花序

图76-4 构树果序（孙卫邦摄）

77. 橡皮树（印度橡皮树、印度胶榕） *Ficus elastica* Roxb.

种加词：*elastica*——'有弹性的'，指乳液能提制橡胶。

桑科榕树属常绿乔木。高达20m，植株含乳汁，全株光裸；单叶互生，厚革质，有光泽，长椭圆形，长10～30cm，全缘，中脉明显，具多数平行侧脉；托叶大，红色，脱落后在小枝上留下环状托叶痕；隐头果无梗，长圆形，黄色，径1.2cm，对生于老叶叶腋。

喜暖热湿润气候，不耐寒；喜疏松、腐殖质多的沙质壤土。原产印度、缅甸。我国南方多栽培。

橡皮树树冠庞大、枝叶茂密，叶形、叶色、叶脉均美丽，在华南露地栽培，昆明在向阳、背风的小环境露地亦可生长良好；多作庭荫树、观赏树或行道树，其他地区多盆栽观赏，北方需温室越冬。

橡皮树有各种斑叶的观赏品种，颇为美丽，更受人们喜爱；乳汁可制硬性橡胶。

图77 橡皮树株

图77-1 橡皮树叶及托叶

图 77-2 花叶橡皮树株 *Ficus elastica* 'variegata' Hort.

图 77-3 花叶橡皮树叶及托叶

78. 大叶水榕 *Ficus glaberrima* Bl.

种加词：*glaberrima*——'完全无毛的'，指植株光滑无毛。

桑科榕树属常绿乔木。高达15m，胸径15~30cm，植株有乳汁，小枝上具有环状托叶痕；单叶互生，薄革质，长椭圆形，长10~22cm，宽5~10cm，全缘，先端渐尖，基部宽楔形至圆形，上面光滑无毛，侧脉8~12对，两面明显，叶柄长1~3cm，托叶线状披针形，早落；单性花，雌雄同株，雄花、雌花、瘿花生于同一榕果内壁，榕果成对腋生，球形，直径7~10mm，具明显果梗，果熟橙色。花果期5~9月。

图78 大叶水榕株

喜光，稍耐阴；喜暖热湿润气候；喜深厚肥沃、排水良好的壤土，不耐寒，忌积水。产云南南部，生于海拔550～2800m的山谷疏林中。

大叶水榕，叶大荫浓，榕果色艳美观，可作庭荫树、行道树应用；本种还是紫胶虫优良寄主树，可绿化结合生产推广应用。

图78-1 大叶水榕果枝

图78-2 大叶水榕果序

79. 大青树（虎克榕）*Ficus hookeriana* Corner

种加词：*hookeriana*——人名'虎克'，而得名'虎克榕'。

桑科榕树属常绿乔木。高达25m，胸径40~50cm，植株具乳汁，主干通直，幼枝粗壮，平滑无毛，具环状托叶痕；单叶互生，大，坚纸质，长椭圆形至宽卵状椭圆形，长15~20cm或更长，宽8~12cm，先端钝圆或具短尖，基部宽楔形至圆形，上面深绿色，下面绿白色，两面无毛，全缘，叶柄粗壮，长3~5cm，无毛，托叶披针形，深红色，长10~13cm；榕果成对腋生，无梗，径1~1.5cm，长2~2.7cm。花果期4~10月。

喜光，稍耐阴；喜温暖湿润气候；喜深厚肥沃、排水良好的壤土，忌积水，耐旱；有一定耐寒力，生长快。产云南西部及南部，生于海拔500~1800（2200）m的丘陵地区，在寺庙中常栽培。

大青树叶大荫浓，生长快，树冠优美，是优良的庭荫树和行道树，值得推广应用。

图79 大青树株

图79-1 大青树幼树

80. 菩提树（思维树）*Ficus religiosa* L.

种加词：*religiosa*——'宗教的'，指此树与宗教有关。

桑科榕树属常绿或半常绿乔木。高达10~20m，植株具乳汁，小枝有环状托叶痕；单叶互生，近革质，三角状卵形，长6~17cm，宽6.5~13cm，先端披针状尾尖，尾约占叶片长的1/4~1/3，叶全缘，叶柄长7~12cm；榕果扁球形，无梗，成对腋生，径约1cm。

喜光，耐热，耐干旱贫瘠，萌芽力强，耐修剪，生长快。原产印度，我国云南南部和广东有栽培。

相传佛祖释迦牟尼是在一株菩提树下静修觉悟成佛的，菩提树成为信徒们最崇敬的佛树，佛教的经书把菩提树当作成佛树之一。我国云南南部、缅甸、老挝、泰国等信奉小乘佛教的村社中，常在高大的菩提树下，置有释迦牟尼静修的各种塑像。人们把栽种"佛树"当成重要的善举，菩提树亦得到了较好的保护和推广，现云南景宏有一株400多年高龄、高35m、胸径2m多的菩提树，云南瑞丽、景谷保存的"树包塔"、"塔包树"奇观中的"树"，就是菩提树。

菩提树树冠伞形，树荫浓密，枝繁叶茂，叶形优美，观赏价值极高。

图80 菩提榕树包塔景观

图80-1 菩提榕枝叶

81. 丝棉木（白杜、明开夜合）*Euonymus bungeanus* Maxim.

种加词：*bungeanus*——人名拉丁化。

卫矛科卫矛属落叶小乔木。高6~8m，树冠圆形或卵圆形，小枝绿色，近四棱形，无毛；单叶对生，卵形至卵状椭圆形，长5~10cm，先端急长尖，基部近圆形，缘具细锯齿，叶柄长2~3.5cm；两性花，浅绿色，径约7mm，花各部4数，具肉质花盘，3~7朵组成聚伞花序，花序腋生；蒴果粉红色，径约1cm，4深裂；种子具橘红色假种皮。花期5~6月；果期9~10月。

喜光，稍耐阴；耐寒，耐干旱，也耐水湿；对土壤要求不严；根系发达，抗风，抗烟尘，萌芽力强，生长速度中等偏慢；对二氧化硫的抗性中等。产华东、华中、华北各地，分布较广。

图81 丝棉木株

丝棉木枝叶秀美，秋季粉红色果实挂满枝梢，甚久，开裂后露出橘红色的假种皮，分外艳丽可观，是良好的园林观赏树种，亦可作防护及厂矿绿化树种；木材白色，细致，可供雕刻等细木工用；树皮及根皮均含硬橡胶；种子可榨油，供工业用。丝棉木适应性强，在昆明世博园内生长较好，在南方可推广应用。

图81-1 丝棉木秋叶

图81-2 丝棉木花枝

图81-3 丝棉木果枝

82. 枳椇(拐枣) *Hovenia dulcis* Thunb.

种加词: *dulcis* — '甜的', 指果梗味甜。

鼠李科枳椇属落叶乔木。高达 15~25m; 单叶互生, 宽卵形至卵状椭圆形, 长 8~16cm, 先端短渐尖, 基部近圆形, 缘具粗钝锯齿, 三出脉, 叶柄长 3~5cm; 两性花, 小, 花瓣、花萼、雄蕊 5 数, 花乳白色, 芳香; 聚伞花序常顶生, 花序梗二歧分枝常不对称, 肥大、肉质, 经霜后味甜可食。花期 6 月; 果 9~10 月成熟。

图 82 枳椇花株

喜光，有一定的耐寒能力；对土壤要求不严，在土层深厚、湿润而排水良好处生长快，能成大材；深根性，萌芽力强。产中国，华北南部至长江流域及其以南地区普遍分布。

枳椇树态优美，叶大荫浓，生长快，适应性强，是良好的庭荫树、行道树及"四旁"绿化树种；木材硬度适中，纹理美观，作建筑、家具、车船及工艺美术用材；果序梗肥大、肉质，富含糖分，可生食和酿酒，果实、树皮、叶均可入药。

图 82-1 枳椇花枝及叶

图 82-2 枳椇果枝

83. 多脉猫乳（马丁拟鼠李）*Rhamnella martinii* (Levl.) Schneid.

种加词：*martinii*——人名拉丁化，由此而得名——马丁拟鼠李。

鼠李科猫乳属落叶灌木或小乔木。高达8m，小枝纤细，无毛；单叶互生，纸质，椭圆形或长圆状椭圆形，长4～10cm，宽1.5～3cm，先端渐尖，基部圆形，稍偏斜，边缘具细锯齿，上面深绿色，下面浅绿色，两面无毛，光亮，羽状脉细密，明显，6～8对，叶柄短，托叶钻形，宿存；花两性，黄绿色，萼5裂，萼片卵状三角形，先端锐尖；花瓣5，倒卵形，先端微凹；花单生或2～5花组成腋生聚伞花序；核果圆柱形，长5～7mm，径3～3.5mm，熟时黑紫色，顶端具宿存花柱。花期4～6月；果期6～9月。

图83 多脉猫乳株

喜光，稍耐阴；喜温暖湿润气候，适应性强，对土壤要求不严。产云南中部，生于海拔800~2800m的山坡林中或灌木丛中，分布于湖北西部、四川、西藏东南部及广东北部。

多脉猫乳枝叶秀丽，核果色彩变化丰富，观赏性强，可引入园林应用。

图83-2 多脉猫乳果枝

图83-1 多脉猫乳枝叶

图83-3 多脉猫乳果实

84. 楝树（苦楝）*Melia azedarach* L.

种加词：*azedarach* —'阿拉伯植物名'。

楝科楝属落叶乔木。高15～20m，树冠宽而顶平，小枝具明显而大的叶痕和皮孔；2～3回奇数羽状复叶互生，小叶卵状椭圆形至卵状披针形，长3～7cm，缘具粗钝锯齿；花两性，花瓣5～6，萼5～6裂，雄蕊10，花丝合生成筒状，花瓣及雄蕊筒淡紫色，有香气；圆锥花序腋生；核果近球形，径1.0～1.5cm，果皮肉质，熟时黄色，果宿存，经冬不落。花期4～5月；果期10～11月。

喜光，不耐阴；喜温暖湿润气候，耐寒力不强；对土壤要求不严，在酸性土、钙质土、石灰岩山地及轻盐碱土上，均能生长；较耐干旱、瘠薄，不耐积水；深根性、萌芽力强，生长快而寿命较短；对有毒气体抗性较强，但对氯气抗性较弱。原产我国中部，广泛分布。

图84 楝树株

楝树树形优美，羽叶疏展秀丽，夏日盛开淡紫色花朵，颇为美丽，且具淡香，加之耐烟尘、抗二氧化硫，因此是良好的城市及厂矿绿化树种，宜作庭荫树、行道树；木材轻软，可供家具、建筑、乐器等用；树皮、叶、果均可入药；种子可榨油，供制油漆、润滑油等。

图84-1 楝树花枝

图84-2 楝树果枝

85. 川楝 *Melia toosendan* Sieb. et Zucc.

种加词：toosendan——中药（汤参丹）译音。

楝科楝属落叶乔木。与苦楝的主要区别：小叶全缘，少有不明显之疏齿；雄蕊10～12；核果较大，径约2.5～3cm。产湖北、四川、贵州、云南等地，其他同楝树。

图85 川楝株

图85-2 川楝果枝

图85-1 川楝花枝（孙卫邦摄）

86. 复羽叶栾树 *Koelreuteria bipinnata* Franch.

种加词：bipinnata——'二回羽状的'，指叶的类型。

无患子科栾树属落叶乔木。高达20m；二回羽状复叶互生，小叶有锯齿；花杂性同株，黄色，大型圆锥花序顶生；蒴果卵形，肿胀，中空，具三棱，果皮膜质，红色。花期5～7月；果期9～10月。

喜光，幼年期耐阴；喜温暖湿润气候，耐寒性差，耐干旱；对土壤要求不严，微酸性、中性及排水良好的钙质土壤上均能生长；深根性，不耐修剪。产我国中南及西南，云南常见。

复羽叶栾树枝叶茂密，春季嫩叶红色，夏季满树黄花，秋季红果累累，十分美丽，是理想的绿化、美化观赏树，可作庭荫树、行道树及风景树，亦可作厂矿及"四旁"绿化树种。

图86 复羽叶栾树花果株

图 86-1 复羽叶栾树花序

图 86-2 复羽叶栾树果序

87. 川滇无患子(滇皮哨子,皮皂子) *Sapindus delavayi* (Fyanch.) Radlk.

种加词：*delavayi*——人名'大卫'。

无患子科无患子属落叶乔木。高10m，树冠宽卵形或圆球形；偶数羽状复叶，小叶互生或近对生，全缘，叶大小变异较大；花杂性异株，花小，芳香，黄白色，花萼、花瓣4~5；雄蕊8~10，子房3室，每室胚珠1，通常仅1室发育成果；圆锥花序长达16cm；浆果近球形，中果皮肉质，外果皮革质，果径1.5~2cm，熟时黄褐色，种子黑色。花期6~7月；果期8~10月。

喜光性强，稍耐阴；喜温暖湿润气候；对土壤要求不严，在酸性、中性、微碱性及钙质土上均能生长；深根性，抗风力强，萌芽力弱，不耐修剪，生长快，寿命长；对二氧化硫抗性较强；抗病虫害能力强。产云南，生于海拔2000~2600（3100）m的沟谷和丘陵地区林中，四川西南部有分布。

图87 川滇无患子株

川滇无患子冠大荫浓，花繁芳香，黄果串串，观赏性强；入秋后叶转金黄色，十分美丽，宜作庭荫树、行道树；孤植、丛植、列植、群植均适宜，与常绿或其他红叶树种配植，形成季相变化明显的景色，别有风趣。亦适宜厂矿绿化、美化；果肉含皂素可代肥皂使用；根、果入药，种子榨油可作润滑油用。

图87-1 川滇无患子秋景

图87-2 川滇无患子花序

图87-3 川滇无患子果序

88. 滇藏槭 *Acer wardii* W.W. Smith

种加词：*wardii*——人名拉丁化。

槭树科槭树属落叶乔木。高达13m，小枝纤细，无毛，紫色或深紫绿色；单叶对生，叶纸质，卵圆形，长7~9cm，宽6~8cm，基部近心形，边缘具细锯齿，常三裂，中央裂片长圆状三角形，先端尾状，尾长2.5~3cm，侧裂片卵形，上面有光泽，深绿色，无毛，下面淡绿色，叶柄长3~5cm；纤细，紫红色或绿色，无毛；花紫色，单性，雌雄异株，组成长3~5cm的圆锥状总状花序，花瓣、花萼5数；翅果幼时紫色，成熟时紫黄色，小坚果长圆球形，微压扁，连翅长2~2.5cm，张开成钝角。花期5月；果期9月。

图88 滇藏槭株

喜光，稍耐阴；喜温凉湿润气候；喜深厚肥沃、排水良好的壤土，生长快。产云南西北和西藏东南部，生于海拔（2400）2800~3700m的杂木林或竹箐中。

滇藏槭树姿优美，叶形秀丽，叶柄、幼果紫红色，观赏性高，可作庭荫树、行道树推广应用。

图88-1 滇藏槭枝叶

图88-2 滇藏槭果枝

89. 黄连木 *Pistacia chinensis* Bge.

种加词：*chinensis*——'中国的'，指产地。

漆树科黄连木属落叶乔木。高达30m，树冠近圆球形至圆柱形；一回偶数羽状复叶，小叶披针形或卵状披针形，基部偏斜，全缘，揉碎有香气；雌雄异株，圆锥花序，先叶开放，雄花序紫红色；核果径约6mm，初为黄白色，后变红色至蓝紫色（红色果多为空粒，不成熟）。花期3~4月；果期9~11月。

喜光，不耐阴；喜温暖，畏严寒；耐干旱瘠薄，对土壤要求不严，微酸性、中性和微碱性的沙质、黏质土壤均能适应，而以肥沃湿润而排水良好的石灰岩山地生长最好；深根性，抗风力强；萌芽力强，生长较慢，寿命长达300多年；对二氧化硫、氯化氢和煤烟的抗性较强。产中国，分布广泛，北自黄河流域，南至两广、西南各省及台湾。

图89 黄连木株

黄连木雄伟，枝繁叶茂，早春嫩叶红色，入秋叶又变成深红色或橙黄色，红叶期可长达70多天；红色的雌花序及果序亦极美观。宜作庭荫树、行道树及山林风景树；可孤植、丛植或与枫香、槭树等混植成红叶林，蔚为壮观。对有毒气体抗性强，是优良的厂矿绿化树种。嫩叶有香味，可制袋茶或腌制作蔬菜食用；叶、树皮可供药用或制土农药。

图89-2 黄连木枝叶

图89-1 黄连木秋景

图89-3 黄连木秋叶

90. 马尾树（马尾丝）*Rhoiptelea chiliantha* Diels et Hand. – Mazz.

种加词：*chiliantha*——'千花的'，指花极多。

马尾树科马尾树属落叶乔木，为单科单属单种。高达20m，胸径达40cm；一回奇数羽状复叶，互生，小叶9~17，无柄，披针形或长圆状披针形，先端渐尖，基部不对称，边缘有锯齿；圆锥状穗状花序下垂，花杂性，3花簇生，几无柄，中间为两性花，两侧为不孕性雄花，有苞片和小苞片，无花瓣，萼片4，宿存；小坚果圆形或卵形，略扁，周围具圆翅。花期3~4月；果期7~8月。

图90 马尾树果株

喜温暖湿润气候，喜钙，适生于海拔1000~2000m石灰岩地区常绿阔叶林中；产云南南部及西南部，广西、贵州有分布。

马尾树枝繁叶茂，花序形似马尾，观赏性高，宜作庭园观赏树。马尾树列为国家二级重点保护植物。

图90-1 马尾树花序

图90-2 马尾树果序

91. 青钱柳 *Cyclocarya paliurus* (Batal.) Iljinskaja

种加词：paliurus——'一种有刺小灌木'，指性状。

胡桃科青钱柳属落叶乔木。高达30m；奇数羽状复叶，长15～30cm，小叶纸质，长7～11cm，长椭圆状披针形，近无柄，先端渐尖，基部偏斜，边缘具硬尖细锯齿；雄花序长7～17cm；雌花序长21～26cm；坚果扁球形，具圆盘状翅，连圆盘翅径3～6cm；果序下垂，长15～25cm；花期4～5月；果期8～9月。

青钱柳树形美观，果如铜钱，果序临风摇曳，又名摇钱树，有较高观赏性，可作园林观赏树。

图91 青钱柳果株（孙卫邦摄）

图 91-1 青钱柳雄花序（孙卫邦摄）

图 91-2 青钱柳雌花序（孙卫邦摄）

92. 核桃（胡桃）Juglans regia L.

种加词：regia——'国王的'，指此种核果较高贵，为国王喜食之佳品。

胡桃科核桃属落叶乔木。高达25m，胸径近1m，枝具片状髓心；奇数羽状复叶，揉之有香味，复叶长22~30cm，小叶5~9 (13)，椭圆形至椭圆状卵形，长6~15cm，基部偏斜，全缘，幼树及萌芽枝上的叶有不整齐锯齿；单性花同株，雄花序葇荑状，长13~15cm；雌花单生或2~3集生枝顶；核果外果皮肉质，在树上不开裂，包着坚硬的骨质的内果皮，果核近球形，径4~5cm，果形大小及内果皮的厚薄均因品种而异。花期4~5月；果期9~11月。

喜光，喜温暖凉爽气候，耐干冷，不耐湿热，在年平均气温8~14℃、极端最低温度-25℃以上，年降水量400~1200mm的气候条件下，能正常生长；在深厚肥沃湿润的沙壤土和壤土上生长良好；深根性，有粗大的肉质直根，忌水淹，生长尚快，寿命长，二三百年的大树仍结果繁茂。原产我国新疆，久经栽培，分布很广，以西北、华北为主要产区。

图92 核桃果株

核桃树冠庞大雄伟,枝叶茂密,绿荫覆地,是良好的庭荫树和道路绿化树种;枝叶及花果挥发的芳香气味具有杀菌、杀虫的保护功效,可配植于风景疗养区;果实是优良的干果和重要的中药材;果仁油是高级食用油和工业用油;木材坚韧,为高级用材;树皮、叶及果皮可提制鞣酸;核桃壳可制活性炭。核桃是园林绿化结合生产的理想树种,为国家二级重点保护树种。

图92-1 核桃雄花序

图92-2 核桃果枝

93. 化香 *Platycarya strobilacea* Sieb. et Zucc.

种加词：strobilacea——'球果状的'，指果序形状。

胡桃科化香树属落叶乔木。高达20m；奇数羽状复叶互生，小叶薄纸质，数7~23，长圆状披针形或卵状披针形，先端长渐尖，基部偏斜，边缘有细尖的重锯齿；花单性，无花被片；花序单性（雄花序）及两性（雌雄花序，上部为雄花，下部为雌花）；果序卵状椭圆形或长椭圆状圆柱形，长2.5~4.5cm，直径2~3cm，深褐色，苞片宿存，革质，坚果小，腹背压扁，两侧有窄翅。花期5~6月；果期10月。

图93 化香果株

喜光，耐干旱瘠薄，喜钙，为石灰岩地区的指示树种。产华中、华东、华南、西南、台湾等地。

化香枝叶繁茂，果序宿存，直立，形似烛头，观赏性强，特别适宜石灰岩地区绿化造林及美化观赏用，其枝叶浸泡可作农药，又可毒鱼，故忌鱼塘四周种植。

图93-1 化香枝叶

图93-2 化香未熟果序

图93-3 化香成熟果序

94. 枫杨 *Pterocarya stenoptera* C. DC.

种加词：*stenoptera*——'狭窄的'，指叶轴具狭翼。

胡桃科枫杨属落叶乔木。高达30m，胸径1m以上，枝具片状髓；奇数羽状复叶互生，叶轴具窄翅，小叶10~28，长椭圆形；单性花同株，单被或无被；雄花序荑荑状；果序下垂，长达40cm；坚果近球形，具2斜上伸展之翅，形似元宝，成串悬于新枝顶端。花期4~5月；果期8~9月。

图94 枫杨株

喜光，稍耐阴；喜温暖湿润气候，较耐寒；耐湿性强，但不宜长期积水；对土壤要求不严，酸性及中性土壤均可生长，亦耐轻度盐碱，而以深厚肥沃的土壤生长最好；深根性，根系发达，萌芽力强。广布于华北、华中、华南和西南各省区；常见于长江流域和淮河流域。

枫杨树冠宽广，枝叶茂密，生长快，适应性强，是江河、湖畔、溪流、洼地固堤护岸的优良树种；果序下垂，优美，园林中可作庭荫树、行道树、孤植、丛植、列植、片植均宜，耐烟尘；对有毒气体有一定抗性，适宜厂矿、街道绿化。叶有毒，可作农药杀虫剂，树皮富含纤维，可制上等绳索，树皮煎水可治疥癣和皮肤病；木材轻软，可作箱板、家具、农具等。

图94-1 枫杨果株

图94-2 枫杨果枝

95. 八角枫 *Alangium chinense* (Lour.) Harms

种加词：*chinense*——'中国的'，指产地。

八角枫科八角枫属落叶乔木。高15m，胸径40cm，常成灌木状，小枝红色呈"之"字形；单叶互生，近圆形、椭圆形或卵形，长13~19（26）cm，全缘或3~7（9）裂，基部偏斜，宽楔形或平截，稀近心形，上面无毛，下面脉腋被簇毛，基出脉3~5（7）条，叶柄长2.5~3.5cm；二歧聚伞花序具花7~30（50）；萼齿6~8；花瓣6~8，黄白色，雄蕊6~8；核果卵圆形，长5~7mm，萼齿及花盘宿存，熟时黑紫色。花期5~7月；果期9~10月。

图95 八角枫株

喜光,稍耐阴;喜温暖湿润气候和深厚肥沃、排水良好的壤土。产秦岭及长江流域以南各省,生于海拔1800m以下山地疏林中,溪边和林缘。

八角枫枝叶茂密,花香、色洁,叶形秀美,当年生小枝、叶柄、叶脉带红色,可作庭荫树、行道树观赏;全株可药用及制土农药。

图95-1 八角枫花枝

图95-2 八角枫果枝

96. 喜树（旱莲、千丈树）*Camptotheca acuminata* Decne

种加词：*acuminata*——'渐尖的'，指叶尖。

蓝果树科喜树属落叶乔木。高达30m，树冠宽卵形；单叶互生，椭圆形至椭圆状卵形，长12～28cm，全缘或微呈波状，中脉及叶柄带红色；花杂性同株，头状花序具长梗，上部为雌花序顶生，下部为雄花序腋生；聚合瘦果球形，成熟时黄褐色至橘红色。花期5～7月；果期9～10月。

喜光，稍耐阴；喜温暖湿润气候，不耐寒，不耐干旱瘠薄；喜深厚肥沃土壤，在酸性、中性及弱碱性土壤上均能生长，较耐水湿，在溪流边或地下水位较高的河滩、湖地、堤岸或渠道旁生长较旺盛。萌芽力强，速生，抗病虫能力强，但对烟尘及有害气体抗性较弱。中国特产，单属单种，主产长江流域以南各省区。

图96 喜树果株

图96-1 喜树花枝

喜树树姿端直雄伟，枝叶茂密，花果清雅奇特，是优良的庭荫树、行道树和'四旁'绿化树种，宜丛植、列植于池畔、湖滨观赏兼防护；喜树根皮及果有毒，含喜树碱，有抗癌作用，对白血症、胃癌有疗效。

图96-2 喜树枝叶

图96-3 喜树秋叶

图96-4 喜树果枝

图96-5 喜树成熟果序

97. 幌伞枫 *Heteropanax fragrans* (Roxb.) Seem.

种加词：*fragrans*——'芳香的'，指花芳香。

五加科幌伞枫属常绿乔木。高30m，无刺；大型三回羽状复叶，长达1m，小叶长5.5~13cm，宽3~6cm，对生，纸质，椭圆形，全缘，无毛；花杂性，多数小伞形花序排成约40cm长的大圆锥花序，密被锈色星状绒毛；果扁形，径约3~5mm，长约7mm。花期秋冬季，10~12月；果期翌年2~3月。

喜温暖湿润气候；喜深厚肥沃、排水良好的壤土；生长快，忌积水。产云南、广东、广西、海南等地，生于海拔1400m以下的常绿阔叶林中。

幌伞枫树冠圆整，形如罗伞，美观潇洒，是优美的庭园观赏树种，可作庭荫树、行道树推广应用；材质轻软，供家具等用；根及树皮药用。

图97 幌伞枫株

图97-1 幌伞枫花株

图 97-2 幌伞枫幼树

图 97-4 幌伞枫叶柄

图 97-3 幌伞枫枝叶

98. 白蜡树（梣、蜡条）*Fraxinus chinensis* Roxb.

种加词：*chinenesis*——'中国的'，指产地。

木犀科白蜡属落叶乔木。树冠卵圆形；奇数羽状复叶，对生，小叶常 7（5～9），椭圆形至椭圆状卵形，长 3～10cm，先端渐尖，基部狭，不对称，缘有齿及波状齿，表面无毛，背面沿脉有短柔毛；单性花或杂性，花小，雌雄异株，组成圆锥花序，生于单年生枝顶及叶腋，大而疏松；萼小，钟状，无花瓣；翅果倒披针形，长 3～4cm，基部窄，先端菱状匙形。花期 3～5 月；果期 9～10 月。

喜光，稍耐阴；喜温暖湿润气候，颇耐寒；喜湿耐涝，也耐干旱；对土壤要求不严，碱性、中性、酸性土壤上均能生长；抗烟尘及有毒气体；萌蘖力均强，生长快，耐修剪；寿命较长，可达 200 年以上。产中国，分布广，长江流域、黄河流域以及华南、西南、中南、东北各地，均有分布。

图 98 白蜡树株

图 98-1 白蜡树秋景

白蜡树形体端正，挺秀，树干通直，叶绿荫浓，秋叶橙黄，是优良的行道树和遮荫树；其耐水湿、抗烟尘适于湖岸和厂矿绿化；材质优良，枝可编筐，植株放养白蜡虫，生产白蜡，是重要的经济树种之一，可作园林结合生产的优良树种推广应用。

图98-2 白蜡树枝叶

图98-3 白蜡树秋叶

图98-4 白蜡树幼果序（孙卫邦摄）

图98-5 白蜡树果枝

99. 泡桐（白花泡桐）*Paulownia fortunei* (Seem.) Hemsl.

种加词：*fortunei*——人名拉丁化。

玄参科泡桐属落叶乔木。高达27m，树冠宽卵形或圆形，枝对生，单叶对生，大而有长柄，叶卵形，长10~25cm，全缘，基心形，表面无毛，背面被白色星状绒毛；花两性，大，花冠唇形，漏斗状，乳白色至微带紫色，内具紫色斑点及黄色条纹；花萼倒圆锥状钟形，浅裂约为萼的1/4~1/3；3~5朵成聚伞花序，由多数聚伞花序排成顶生圆锥花序；蒴果椭圆形，长6~11cm。花期3~4月，先叶开放；果期9~10月。

喜光，稍耐阴；喜温暖气候，耐寒性稍差；对黏重瘠薄土壤的适应性较其他种强；抗丛枝病能力强，干形好，生长快。产长江流域以南各省，以及东部自海拔120~240m，西南至海拔2200m地带。

泡桐树干通直，树冠宽大，叶大荫浓，花大而美，早春先叶开放，满树银花，宜作行道树、庭荫树观赏；泡桐亦是优良的速生用材树种，叶、花、种子可入药，又是良好的饲料和肥料。

图99 泡桐果株

图 99-1 泡桐花株

图 99-2 泡桐花枝

图 99-3 泡桐果枝

100. 滇楸（紫楸、楸木、紫花楸）*Catalpa fargesii* f. *duclouxii* (Dode) Gilmour [*C. duclouxii* Dode]

种加词：*fargesii*——人名拉丁化。

变型加词：*duclouxii*——人名拉丁化。

紫葳科梓树属落叶乔木，滇楸是灰楸的变型。株高25m，单叶对生或三叶轮生，卵形或卵状三角形，厚纸质，三出脉，全缘，叶柄长3～10cm；花两性，花冠裂片5，二唇形，上唇2裂，下唇3裂，淡红色或淡紫色，花冠管钟形；7～15朵花成伞房花序顶生；蒴果圆柱形，细长下垂，长达80cm，径0.4～0.6cm，果皮革质，2裂。花期3～5月；果期6～11月。

喜光；喜凉爽湿润气候，耐干旱贫瘠，适应性强，生长迅速。产云南中部、西部、西北部，四川、贵州、湖北有分布。

滇楸树姿挺秀，枝叶繁茂，花大悦目，秋季细长的蒴果飘逸，风姿绰约，可作庭荫树、行道树和观赏树。滇楸木材花纹美丽，可作高级家具、室内装修、胶合板、军工、船舶等用材；根、叶、花入药。滇楸可作园林结合生产的优良树种推广应用。

图100 滇楸果株

图100-1 滇楸花枝（孙卫邦摄）

101. 梓树 *Catalpa ovata* D.Don.

种加词：*ovata*——'卵形的'，指叶形。

紫葳科梓树属落叶乔木。高达20m，树冠宽阔，枝条开展；单叶，宽卵形至近圆形，长10~25cm，先端急尖，基部心形或圆形，常3~5浅裂，有毛，背面基部脉腋有紫斑；两性花，大；圆锥花序顶生，长10~20cm，花萼绿色或紫色，花冠钟状唇形，淡黄色，长约2cm，内面有黄色条纹及紫色斑纹；蒴果细长如筷，长20~30cm，经冬不落，种子连毛长22~28cm。俗话说："有籽为梓，无籽为楸"，就是指蒴果宿存不落的现象。花期5~6月；果期9~10月。

图 101 梓树花株

图 101-2 梓树果枝

喜光，稍耐阴，适生于温带地区，颇耐寒，在暖热气候下生长不良；喜深厚肥沃、湿润土壤，不耐干旱瘠薄，能耐轻度盐碱土；深根性，抗烟尘及对有毒气体的抗性均强。分布广，以黄河中下游为中心。

梓树树冠宽大，春夏黄花满树，秋冬细长蒴果飘逸，十分美丽，适作庭荫树、行道树及"四旁"绿化材料，常与桑树配植，"桑梓"意即故乡，抗烟性强，亦适宜厂矿绿化；材质轻软，可供家具、乐器等高档用材。梓树可作园林结合生产、防护推广应用。

图 101-1 梓树花枝

102. 火烧树 *Mayodendron igneum* (Kurz) Kurz [*Spathodea igneum* Kurz]

种加词：*igneum*—'火红色的'，指花色。

紫葳科火烧树属常绿乔木。高15m；二回羽状复叶，对生，长达60cm，小叶卵圆形或卵状披针形，纸质，叶基偏斜，全缘；花两性，橙黄色或金黄色，花冠管状，长圆柱形，裂片5，半圆形，反折；花萼佛焰苞状；雄蕊4，近等长，两两成对，着生于花冠管近基部；花柱丝状；5~13朵花呈短总状花序着生于老干上；蒴果长线形，长达45cm，径约7mm，2瓣裂，花萼宿存。花期3~4月；果期4~5月。

喜光；喜暖热湿润环境，不耐寒。产云南南部、西南部，广东、广西、台湾有分布。

火烧树树形优美，花期长，花形美，色艳，观赏性强，孤植、丛植、列植均优美绚丽；花可食用。

图102 火烧树花株

拉丁名索引

A
Abies fargesii Franch.
Acacia auriculaeformis A.Cunn
Acer wardii W.W. Smith
Alangium chinense (Lour.)Harms
Aleurites fordii Hemsl.

B
Betula platyphylla Suk.
Bischofia Polycarpa (Levl.) Airy-Shaw.
Broussonetia papyrifera (L.)Vent.

C
Calocedrus macrolepis Kurz
Camptotheca acuminata Decne
Castanea mollissima Bl.
Catalpa fargesii f.duclouxii (Dode) Gilmour
Catalpa ovata D.Don.
Cathya argyrophylla Chun et Kuang
Cedrus deodara (Roxb.) Loud.
Celtis yunnanensis Schneid
Cinnamomum camphora (L.) Presl.
Cinnamomum glanduliferum (Wall.) Nees
Cinnamomum japonicum Sieb.
Cryptomeria fortunei Hooibrenk ex Otto et Dietr.
Cunninghamia lanceolata (Lamb.) Hook.
Cupressus duclouxiana Hickel.
Cupressus torulosa D.Don.
Cupressus gigantean Cheng et L.K.Fu
Cyathea spinulosa Wall.
Cyclobalanopsis glaucoides Schott.
Cyclocarya paliurus (Batal.) Iljinskaja

D
Dalbergia hupeana Hance

E
Elaeocarpus sylvestris (Lour.) Poir.
Eucommia ulmoides Oliv.
Euonymus bungeanus Maxim
Exbucklandia populnea (R.Br.) R.W. Brown

F
Ficus elastica Roxb.
Ficus glaberrima Bl.
Ficus hookeriana Corner
Ficus religiosa L.
Firmiana simplex (L.) W.F.Wight
Fraxinus chinensis Roxb.

G
Ginkgo biloba L.
Glyptostrobus pensilis (Staunt.) Koch.

H
Heteropanax fragrans (Roxb.)Seem.
Hovenia dulcis Thunb.

I
Idesia polycarpa Maxim.
Itea yunnanensis Franch.

J
Juglans regia L.

K

Keteleeria evelyniana Mast.
Koelreuteria bipinnata Franch.

L

Larix griffithiana (Lindl.et Gord.) Hort ex Carr.
Larix himalaica Cheng et L. k. Fu
Liquidambar formosana Hance
Liriodendron chinense (Hemsl.) Sarg.

M

Machilus longipedicellata Lect.
Machilus yunnanensis Lect.
Magnolia officinalis Rehd. et Will.
Manglietia deciduas Q.Y.Zheng
Manglietia insignis (Wall.) BL.
Mayodendron igneum(Kurz)Kurz
Melia azedarach L.
Melia toosendan Sieb. et Zucc.
Metasequoia glyptostroboides Hu et Cheng
Myrica rubra (Lour.) Sieb. et Zucc.

P

Parakmeria yunnanensis Hu.
Paulownia fortunei(Seem.)Hemsl.
Photinia glomerata Rehd. et Wils.
Picea smithiana (Wall.) Boiss.
Pinus bungeana Zucc.
Pinus griffithii Mcclelland
Pinus roxbourghii Sarg.
Pistacia chinensis Bge.
Platycarya strobilacea Sieb. et Zucc.
Platycladus orientalis (L.) Franco.
Podocarpus macrophyllus (Thunb.) D. Don
Podocarpus nagii (Thunb.) Zoll. et Mor.
Populus szechuanica Schneid. var. tibetica Schneid.
Populus tomentosa Carr.

Pseudolarix kaempferi Gord.
Pseudotsuga sinensis Dode.
Pterocarya stenoptera C. DC.

Q

Quercus aliena Bl.
Quercus variabilis Bl.

R

Rhamnella martinii (Levl.)Schneid.
Rhoiptelea chiliantha Diels et Hand. —Mazz.
Robinia hispida L.

S

Sabina chinensis (L.) Ant.
Sabina gaussenii (Cheng) Cheng et W.T.Wang
Sabina tibetica kom.
Salix alba L. var. tristis Gand.
Salix matsudana f. tortusa (Vilm.) Rehd.
Sapindus delavayi(Fyanch.)Radlk.
Sapium sebiferum (L.) Roxb.
Sassafras tzumu (Hemsl.) Hemsl.
Schima argentea Pritz.
Sophora japonica L.

T

Tamarix chinensis Lour.
Tamarix ramosissima Ledeb.
Taiwania flousiana Gaussen
Taxus chinensis (Pilger) Rehd.
Ternstroemia gymnanthera
Tilia paucicostata Maxim.
Tsuga dumosa (D.Don) Eichl.

U

Ulmus parvifolia Jacq.
Ulmus pumila L. var. pendula (Kirchn.) Rehd.

中文名索引

二画
八角枫

三画
大叶水榕
大果圆柏
大青树
山杜英
山桐子
川楝
川滇无患子
干香柏
马蹄荷

四画
乌桕
云南拟单性木兰
云南油杉
云南铁杉
云南樟
巴山冷杉
毛白杨
毛刺槐
水杉
水松
化香
火烧树
长叶云杉
长梗润楠

天竺桂
少肋椴
马尾树

五画
丝棉木
巨柏
白皮松
白桦
白蜡树
龙爪柳

六画
乔松
多脉猫乳
竹柏
红花木莲
红豆杉
红柳
耳叶相思
西藏红杉
西藏柏木
西藏长叶松

七画
杉木
杜仲
杨梅
秃杉

八画
侧柏
垂枝榆
昆明柏
板栗
构树
枫杨
枫香
油桐
泡桐
罗汉松
金枝垂柳
金钱松
青钱柳

九画
厚皮香
厚朴
复羽叶栾树
枳椇
柳杉
柽柳
重阳木

十画
圆柏
栓皮栎
核桃

十一画
梧桐
桫椤
梓树
球花石楠

菩提树
银木荷
银杉
银杏
雪松
黄杉
黄连木
黄檀

十二画
喜马拉雅红杉
喜树
榔榆
落叶木莲
鹅掌楸

十三画
幌伞枫
楝树
槐树
滇朴
滇青冈
滇润楠
滇楸
滇鼠刺
滇藏槭

十四画以上
翠柏
槲栎
樟树
橡皮树
藏川杨
檫木

后　　记

　　本册图鉴选编了102种观赏树木(包括变种、品种、变型共118分类单元的信息)，其中：乔灌比为1∶0.04；常绿落叶比为1∶1.2；针叶阔叶比为1∶2.4。在这102种观赏树木中，有中国一级重点保护树种；世界著名的庭院树种；世界著名行道树种；中国特产世界著名的观赏树种；中国特有著名的色叶、观果树种；中国特有果能食用的观赏树种；具有特殊药用价值的观赏树种和被选为中国国树、省树、市树的观赏树种。

　　本册图鉴照片及文字描述除署名者外均由赖尔聪教授完成，全书审校由孙卫邦副研究员、樊国盛教授完成，资料的整理编辑由刘敏老师完成。

作者
2003年10月10日